中国科普文选（第二辑）

生命探秘

马博华 主编

科学普及出版社
·北京·

图书在版编目（CIP）数据

生命探秘/马博华主编. —北京：科学普及出版社，2009.6
（中国科普文选. 第2辑）
ISBN 978-7-110-07089-5

Ⅰ. 生… Ⅱ. 马… Ⅲ. 生命科学-普及读物 Ⅳ. Q1-0

中国版本图书馆CIP数据核字（2009）第061363号

科学普及出版社出版
北京市海淀区中关村南大街16号　邮政编码：100081
电话：010-62103210　传真：010-62183872
http://www.kjpbooks.com.cn
科学普及出版社发行部发行
北京迪鑫印刷厂印刷

开本850毫米×1168毫米　1/32　印张：8.5　字数：220千字
2009年6月第1版　2012年2月第4次印刷
印数：14001-17000册　定价：20.00元
ISBN 978-7-110-07089-5/Q·69

（凡购买本社的图书，如有缺页、倒页、
脱页者，本社发行部负责调换）

编者的话

感谢全国广大科普作家以及多家媒体对《中国科普文选》（第二辑）出版工作的支持，使这项编辑组织工作繁琐的工程得以顺利实施，丛书能在比较短的时间内顺利出版。

《中国科普文选》（第二辑）的作品征集工作，延续了《中国科普文选》的做法，即由参与杂志推荐或科普作家自荐。文章基本选自近5年来在报刊公开发表的科普文章，少量文章发表稍早。收入本书时，个别文章作了适当的修改。

本丛书共10个分册，基本上按学科分集，个别分册为相近学科文章汇集而成。在选材上基本反映了当今科学技术的发展脉络，以及广大读者、特别是中学生关注的一些热点和焦点。

书中选用的作品基本上保留了发表时的原貌，只有部分较长的文章，由于篇幅所限，做了适当删减，敬请作者谅解。选用报刊推荐的作品，文后均注明原发表的刊物及刊期。

由于丛书是文选性质，文章作者众多，我们除取得原刊载杂志授权使用外，在杂志社的协助下，我们尽最大努力与原作者取得联系，得到他们的授权。但由于各种原因，部分作者我们难以联系上。希望看到本书的作者通过科普出版社的网站与丛书编委会取得联系，以便我们支付二次使用费。我们将在出版社网站上适时公布相关信息。

参与本丛书编辑及文章推荐的刊物包括《兵器知识》、《航空知识》、《现代军事》、《军事世界画刊》、《舰船知识》、《科学画报》、《气象知识》、《地球》、《科技新时代》、《科学之友》、《自然与科技》、《科学大众》、《天文爱好者》、《太空探索》等。对他们的支持，我们再次表示感谢。

中国科普文选（第二辑）编辑委员会

主　　编：陈芳烈

执行主编：颜　实

编　　委：（按姓氏笔画排序）

马立涛　马博华　王智忠　田小川
田如森　刘大澂　刘进军　刘德生
齐　锐　李　平　李　良　李　杰
李占江　肖晓军　陈　敏　陈健苹
周　煜　周保春　林之光　黄国桂
黄新燕　谢　京　熊　伟　蔡焯基
瞿雁冰

责任编辑：吕秀齐　董新生
封面设计：段维东
责任校对：孟华英
责任印制：张建农

前　言

　　世纪之交,《中国科普文选》——一套汇集国内科普佳作、旨在向广大青少年传播现代科学技术知识的科普丛书面世。数载耕耘,结出累累硕果,几年来,该丛书在社会上反响良好,得到了市场以及广大读者的充分肯定,并被列为中宣部、教育部向全国推荐的图书;获中小学优秀课外读物等奖项;在财政部、文化部送书下乡等社会科普公益活动及满足中小学图书馆科普图书装备方面均发挥了较好的作用,受到了读者的欢迎。

　　随着科学技术的迅猛发展,新知识、新观念、新技术层出不穷,强调人与自然、环境的和谐相处,全面协调可持续发展已成为人类社会的共同追求。顺应科技发展的大潮,满足广大青少年日益旺盛的对新知识的渴求,是我们编辑出版这套反映最新科技发展的《中国科普文选》(第二辑)的初衷。

　　《中国科普文选》系"九五"国家重点图书出版规划项目,是中国科协普及部、宣传部,中国科普作协,中国科技新闻协会,科学普及出版社组织全国百余家科普媒体共同参与,由著名科普作家担纲主编,汇集了数百篇优秀科普作品,按不同学科领域结集出版之作。《中国科普文选》(第二辑)秉承了这一传统,在中国科协科普专项资助的支持下,由多家著名科普杂志参与推荐,以及科普作家自荐,所遴选的作品涵盖自动化、通信、环境、资源、天文、气象、航天、国防军事及青少年心理等自然科学多个领域。重点反映新中国成立60年来，我国在科技领域取得的重大成就，特别突出反映了在航天、国防等领域取得的令世界瞩目、振奋全国人民精神斗志的成果。

党的"十七大"提出了全面建设小康社会、加快社会主义现代化建设的奋斗目标。在经济全球化形势下，特别是应对目前世界金融危机，我们所遇到的机遇前所未有，挑战前所未有，全面参与经济全球化的新机遇、新挑战，落实科学发展观，顺利实现小康社会发展目标，是时代赋予青少年一代的历史重任。任重而道远，这就要求青少年一代，树立远大的理想，以"可上九天揽月，可下五洋捉鳖"的大无畏精神，勇攀科学高峰，在为完成历史赋予我们的伟大使命中创造出辉煌的业绩。

广大青少年是祖国的希望，他们肩负着开创未来、全面建设小康社会的历史重担，这就要求全社会关注青少年的健康成长。《全民科学素质行动计划纲要》中提出："全社会力量共同参与，大力加强公民科学素质建设，促进经济社会和人的全面发展，为提升自主创新能力和综合国力、全面建设小康社会和实现现代化建设第三步战略目标打下雄厚的人力资源基础。"提高公民的科学素质，促进人的全面发展，重点在青少年，要以提升广大青少年的科学文化素质来推动全民科学素质的整体提高，使公众对科学的兴趣明显提高，创新意识和实践能力有较大提高，这也是科普事业最基础性的工作。在《中国科普文选》（第二辑）的编选中，我们力求用优秀、有益、生动的科普作品吸引青少年，为他们的健康成长营造良好的土壤，如果能够对此有所贡献，将是对我们工作的最大褒奖了。

《中国科普文选》（第二辑）编辑委员会

目 录

操纵基因

修改DNA的剪刀 …………………………… 吴咏蓓（3）
基因神探在神州大地大显威风 …………… 潘重光（11）
DNA破解沙皇之谜 ………………………… 潘重光（22）
控制基因的开关 …………………………… 青 平（31）
复杂，越来越复杂：漫谈复制基因 ……… 陈 冰（42）
操纵基因 …………………………………… 徐欢胜（50）
话说动物生物反应器 ……………………… 杨世诚（57）
干细胞带给我们充满生机的未来 ………… 杨 秀（61）
科学幻想即将变成现实 …………………… 杨 秀（66）
转基因食品：是福还是祸 ………………… 南 丰（71）
让病毒"改邪归正" ………………………… 王达唯（83）
研究动物"超能力"，开发人类潜能 ……… 方陵生（88）
让残疾人配上最"贴己"的器官 …………… 陈福民（96）

追根溯源

人类还在进化吗 …………………………… 夏 芸（101）
说不清道不明的返祖现象 ………………… 韦 青（106）
猛犸：地球生命的过客 …………………… 庾莉萍（118）
病毒是一种生命吗 ………………………… 陈 冰（124）
进化的失误 ………………………………… 陶 颖（129）

认识自己

人能活多久 ………………………………… 陈 冰（137）
我们的身体为何有瑕疵 …………………… 陈 冰（143）
人体真有"退化无用"的器官吗 …………… 石城客（147）

科技之手抚平岁月的皱纹 ……………	徐 梅	(158)
人，为什么会是今天这个样子 ………	梁占恒	(166)
人类大脑真能"预见"未来吗 …………	兰 西	(169)

动物世界

黑猩猩和人，谁更聪明 ………………	姚晨辉	(175)
飞鸟为什么不迷路 ……………………	江 南	(181)
动物为什么要迁徙 ……………………	林中鸟	(186)
"生物时钟"主宰昆虫的生死 …………	王文轩	(193)
一亲一抱泯恩仇 ………………………	钟霞宇	(198)
水下居民的"奇婚" ……………………	褚双林	(203)
海洋动物的绝妙自卫 …………………	曹玉茹	(207)
舌头趣谈 ………………………………	柯永亮	(215)

人与动物

鳄口余生的女科学家 …………………	金 石	(223)
和巨蟒做伴的男孩 ……………………	陈钰鹏	(232)
我和狼一起唱歌 ………………………	罗 勇	(237)
泣血深情 ………………………………	李端俊	(245)
我与美洲狮同陷撒哈拉 ………	唐黎标 王小钦	(251)
海豚相助 鲨口脱险 ……………	张元国 王小钦	(259)

中国科普文选（第二辑）

生命探秘

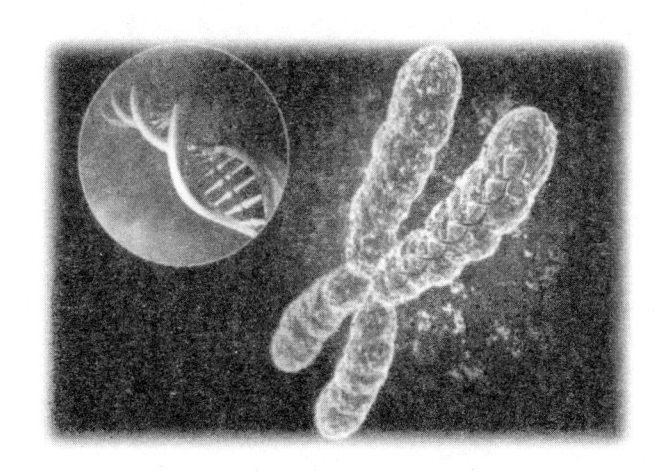

操纵基因

CAOZONG JIYIN

基因与我们的生活密切相关

克隆羊多莉

修改 DNA 的剪刀

吴咏蓓

对一些人来说，基因工程改变了他们的全部世界。有 20 多个男孩曾经由于自身的免疫系统无法抵抗疾病，不得不生活在与世隔绝的无菌舱中，而目前他们可以像正常人一样生活。这一切都要归功于基因治疗。但是，长久以来，由于基因治疗的手段不够精确，甚至略显笨拙，因此疗效不尽如人意。

基因工程之梦

设想你必须纠正一篇文章中所有的拼写错误，你所能采用的唯一手段，是在随机位置插入正确的句子。这就是基因疗法和基因工程现在的工作原理。由于无法修改单个 DNA 的编码，你必须

添加一段新的 DNA，而且没有办法控制其插入位点。在一篇文章中，某一偏离主题的句子可能会导致理解上的困惑；细胞基因组中某一 DNA 片段如果放错了位置，则会造成严重后果，最糟糕的情况会导致癌症。自 1999 年始，在法国所进行的基因疗法试验中，11 个男孩中就有 3 例发生这样的情况。

如同电脑软件能够将错误拼写的"nomral"纠正为"normal"（正常的），基因工程师希望有一种方法可以只对突变基因进行修补，而让其他的基因保持原状：在某个确切位置更换一个基因片段，或插入一段全新的基因序列。

基因工程之梦延续了 30 年。现在，得心应手的工具正在浮现。正如英国基尔大学的保罗·艾格莱斯通所指出的："我们正在接近一个新纪元——逐步进入第二代基因移植技术时代。"与之前相比，转基因植物和动物的制造将更容易，也更便宜。在医学领域，有了精确的基因修补方法，就可以发展出有效的新基因疗法，为治疗艾滋病等疾病另辟蹊径，甚至可以打开人类基因改良的大门。

30 年前，在一次试验中，研究人员成功地将从一条链上"剪切"下来的 DNA 片段"粘接"到另外一条链上。从那以后，方法有了突飞猛进的发展。2002 年，美国生物学家人工组合了 7500 个碱基对的脊髓灰质炎病毒基因，并计划以相同的方式处理细菌基因，这次是成千上万的碱基对。

要改变细胞内的 DNA 并非易事。虽然生物学家能随意改变大肠杆菌等细菌的 DNA，但对付比较复杂的动、植物细胞却仍然办法不多。因为后者的 DNA 有蛋白质和细胞核的双膜的保护。此外，基因的数量也是个问题：比如人类有 46 条染色体，60 亿个碱基对，从中要找出一个基因的精确位置，谈何容易！所有这些意味着要做出精确的改变是一项巨大的挑战。

因此，多数基因工程操作一直依赖于 20 世纪 70 年代的发现——使一小段 DNA 进入植物或动物细胞，让它凭运气被纳入

基因组。基因工程师陆续发现了 10 多种将 DNA 片段植入细胞的方法，有的用外裹着 DNA 片段的金属微粒轰击细胞，有的利用病毒的 DNA 运载工具。但是，几乎所有试验的最后，也是关键的一步——将 DNA 片段整合入细胞的基因——全凭偶然。因为没有办法控制新 DNA 的插入位点。

毫无疑问，这种方式面临诸多的问题。首先，随机整合的概率非常小——如果幸运，数千个细胞中也只有一个成功。此外，整合过程还会出现种种困难。有时，DNA 片段会插入到另一基因中间，使之功能丧失，甚至引发癌症。即使 DNA 片段着陆于某一安全的位置，也不能保证它能够发挥理想的效果。基因组包含了许多"开关"或调整因子，用以控制周边基因的活动，使它们在特定时间或者特定组织中"开"或"关"。结果是，插入 10 个不同位置的同一条 DNA 片段能够以 10 种不同的方式发挥功效，这取决于它末端所连接的调整因子。于是，同一个基因可以产生完全迥异的活动，无论是要培育基因作物还是治疗遗传疾病，这都不是个好消息。事实上，有研究人员认为在法国接受基因治疗试验的 3 个男孩患上癌症，并不是因为外来基因插错了地方，而是因为它太活跃了。

基于这些原因，基因工程师一直在寻求能够精确控制 DNA 片段和基因组整合位置的方法。完美的"基因打靶"将使基因治疗更安全，遗传工程更为有效。

黎　明

早在 20 世纪 80 年代，科学家就认为他们已找到了法宝。他们发现，在老鼠胚胎干细胞（ESCs）中加入新的 DNA 序列，让其黏附于老鼠的 DNA 之上，过度热情的修复酶会切下老鼠基因组中的匹配序列，插入新的 DNA 片段。这种现象称为同源重组。发生这种情况的确切原因至今仍是个谜，而且 10 万左右的细胞

中只有一个细胞有效，但它的真实性毋庸置疑。

可是，当生物学家试图在其他动物身上进行类似的重组工作时，获得的却是困惑。其原因是，他们没有认识到，除老鼠胚胎干细胞以外，这种现象对于其他细胞极为罕见。这使得依靠这种方法进行的基因工程在别处根本无法实施，基因治疗也毫无可能。因此，当遗传学家在老鼠身上作进一步研究时，"插入，然后祈祷"的方法依然在大部分动植物的转基因中大行其道。

如今，情况正在发生变化，基因工程师寻找到新方法，能使活细胞的DNA产生精确的变化，这些方法更有效率，命中率提高到了20%。

方法之一是借助感染细菌的病毒。许多病毒在重组酶的帮助下将自身的基因整合入宿主DNA的特定位置。重组酶通过辨识两种截然不同的序列来工作：一是在病毒DNA上要断开的位点，二是在宿主基因组上的靶位点。重组酶在这两个位置切割DNA，并重新缝合。这种能力赋予重组酶在遗传工程上的巨大应用潜力。只要在环形DNA上加入第一个靶序列，重组酶就能将其整合入其他任何有第二个靶序列的DNA片段。

问题是重组酶的作用对象是细菌，大多数动植物的基因组中并没有这种靶序列。科学家对此已有了解决方案：如果某种生物本身没有一种靶序列，则可以利用旧式的"随机整合法"为其增加这种靶序列：培育筛选出一只靶序列存在于适当位点的动物，使其繁殖后代。然后，就可以根据需要在其后代细胞基因链的位点植入其他基因。

重组酶越来越受到基因工程师的欢迎。艾格莱斯通一直在研究一种大有前途的被称为phi C31的重组酶。他的研究小组的目标是使蚊子无法传播疟原虫。2005年，他们培育出几种携带有phi C31靶序列的新品种蚊子。利用重组酶，他们现在可以在同一位点任意次地添加不同的基因，大大提高了其结果的可靠性。这种方法可以用来改造各种动物，甚至改造植物也是有可能的。

然而，在基因治疗中，在 DNA 链中预先植入靶序列是不可能的。幸运的是，美国斯坦福大学的米歇尔·卡洛斯给我们带来了转机，她发现，phi C31 能够将 DNA 片段植入到与真位点仅有 30% 相似度的 DNA 的"伪位点"，尽管整合的效率较低，但很多动物的染色体至少有一个伪位点。

2002 年，卡洛斯研究小组证明，phi C31 方法能够用于基因疗法。我们已经知道，如果老鼠体内缺乏一种叫"凝血因子 IX"的基因就会患血友病。研究小组利用重组酶的方法，在老鼠肝脏细胞内加入凝血因子 IX 的基因，不久，很多实验鼠的肝脏细胞很快就生产出大量凝血因子 IX，其数量足以消除血友病症状。类似的试验也已经在多种动物身上获得成功。

现在面临的挑战是，如何证明这种方法对人类基因工程是安全的。在老鼠的染色体组中，phi C31 插入 DNA 链的整合位点有两个，但在人体细胞中则要复杂得多。卡洛斯小组已经在人体染色体组中确认了 19 个主要的整合位点，另有 82 个整合位点的出现具有随机性。卡洛斯计划进一步开发新的重组酶，以实现更精确的位点植入。

近来的另一项研究成果显示，如果 phi C31 的含量高，则会诱发人体细胞内的染色体重组，这种随机重组可能会致癌。卡洛斯对此研究结论持反对态度，指出 phi C31 所诱发的人体细胞内染色体重组并不是随机的，这种重组发生的位点没有一个是靠近那些可能致癌的基因。在人体细胞或老鼠细胞的试验中不乏成功的例子，可证明 phi C31 能被用来治疗一些遗传性疾病，例如遗传性皮肤病、严重影响神经系统发育的酪氨酸血症、性联重症联合免疫缺陷等。

最终目标是任何的 DNA 序列都能作为靶子，而不仅仅是将 DNA 植入少数预期的位点。因为正常基因的位置发生错误同样也可以造成遗传疾病。在这种情况下，植入正确的"句子"还不够，还要修复"拼写错误"。

美国的山加莫生物技术公司专门研究设计"锌指结构"。它能够"锚定"特定的DNA序列。从理论上讲，利用这种奇特的"锌指结构"，就可以按照需求制造出能黏合到所选DNA序列的特定蛋白质。

分子剪刀

将"锌指结构"植入被称为核酸酶的DNA切割酶，就诞生了"分子剪刀"，它能够在某一特定的位点剪切DNA片段。为什么要这样做？答案就在于神秘的同源重组过程，它是由修复酶诱发的。一些研究小组的研究结果已经表明，如果在剪切DNA片段的同时，植入新的DNA片段，就会迫使修复酶起作用，从而大大加速同源重组的过程。

2005年6月，山加莫公司宣称，他们已经利用定制的DNA剪刀校正了导致X－SCID（一种严重的免疫缺陷疾病）的变异基因，校正比例达到18%。该论文在生物工程学界引起了不小的震动。此外，该公司还从人体中提取免疫细胞，利用分子剪刀使这些免疫细胞能够抵御免疫缺陷病毒（HIV）。如果用这些细胞重建患者的免疫系统，那么患者的病症将有望得到缓解。论文的作者之一、美国得克萨斯大学的马休·鲍特乌斯认为，这种基因疗法的潜力巨大。

分子剪刀也有望成为基因工程的一个重要手段，比如用于果蝇和植物的基因工程改造。

尽管分子剪刀技术给基因工程带来了非常诱人的前景，但它并非"灵丹妙药"。问题之一就是，分子剪刀可能会在一些非目标位点对DNA链进行剪切，造成双螺旋链的断裂，这种断裂会杀死一些正常的细胞。但是，这并不是无法攻克的难题，解决的方案就是用分子剪刀在体外对细胞进行处理，然后再将细胞植入生物体内。

另外一个更让人担忧的问题是，如果剪断的 DNA 链被错误地修复，那么这些细胞就有可能变成癌细胞。目前，由于还没有将用分子剪刀技术修饰过的细胞再次植入动物体内的成功实例，所以还无法确定这种技术的风险程度，但鲍特乌斯依然认为这是一个可以解决的问题。此外，还存在一些其他的局限，比如需要植入的 DNA 片段越大，分子剪刀的效率就越低。

最理想的方案是结合两种方法的优点，即锚定目标 DNA 序列的能力（山加莫公司）和植入或者去除较大 DNA 片段的能力（重组酶）。为了实现这个目标，需要寻找一种新的方法，能够改变重组过程，以使新的 DNA 片段粘接到目标 DNA 序列上。英国格拉斯哥大学生物学家马希尔·斯塔科指出，他的研究小组已经成功地改变了一个重组过程，使它可以识别一种原来不能识别的 DNA 序列。斯塔科认为，用类似于 phi C31 的重组酶，来锚定其他任何 DNA 序列仅仅是一个时间问题。

基因工程学家正在带领人类缓缓迈入生物工程技术的一个新纪元。他们在实验鼠身上获得了巨大的成功，不久的将来同样有望在其他物种身上获得这种成功，也包括我们人类自身。今后，基因工程给人类带来的福音会越来越多，成千上万人的命运将会因此而改变。

《科学画报》2006（10）

链接

精确的基因工程

两项新技术可以帮助人们操控细胞内的DNA

用分子剪刀"修剪"DNA

分子剪刀——锌指结构与核酸酶（DNA切割酶）的结合体——找到靶序列，黏附在上面，然后进行剪切。

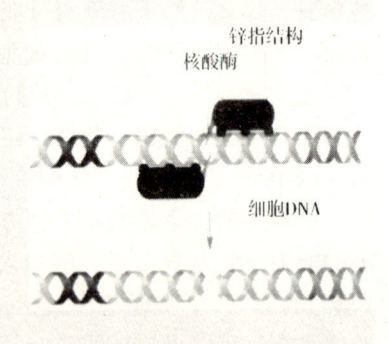

修复酶修复缺口，有时会抛弃原来的DNA片段，并以基因工程师加入的新DNA片段替代它，这叫同源重组。它的机制尚不清楚。

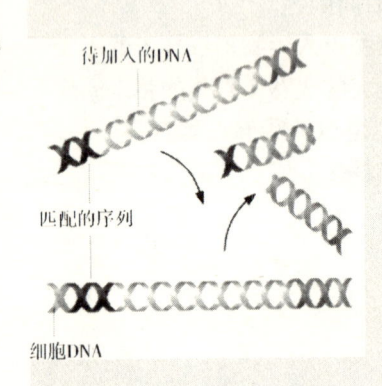

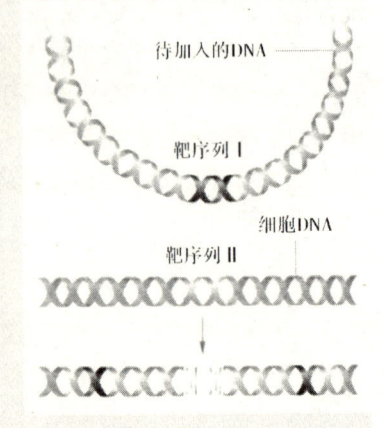

利用重组酶添加DNA

重组酶在这两个位置切割DNA，并重新缝合。因此，只要在环形DNA上加入靶序列Ⅰ，重组酶就能将其整合入其他任何有靶序列Ⅱ的DNA片段

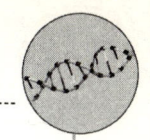

基因神探在神州大地大显威风

潘重光

1891年阿根廷警官物胡安·弗塞蒂奇用指纹技术侦破了一件谋杀案。从此，指纹技术的发展给刑侦工作带来了很大方便。百余年来，指纹帮助世界各国的警察侦破了不知多少扑朔迷离的案件，使那些蒙冤受屈的人们能够昭雪，使那些人面兽心的凶犯在铁的事实面前不攻自破、束手就擒。

"道高一尺，魔高一丈"，指纹鉴定在今天的刑侦工作中已不像往日那样灵验了，因为犯罪分子已找到许多应对的办法，比如，作案时戴上手套，作案后把指纹擦掉，或作案时带上存留别人指纹的橡皮手套等等。这样，不仅可以使警察在现场找不到指纹，而且能把警察的视线引入歧途。然而，最狡猾的狐狸也斗不过好猎手，DNA指纹现在已成为一种克敌制胜的法宝，在神州大地显威风。

移花接木，聪明反被聪明误

21世纪刚刚开始，我国南方一个经济发达的开放城市就发生了一起令人发指的凶杀案。被害人来自广州，他是到这个城市洽谈业务的广州捷德公司的老总王大一。2月28日清晨，富豪大酒店服务员打扫房间时，一打开718房间的门，就发现地板上躺着一具尸体，她当即退出房间，然后就报了警。等警察赶到

时，周围已经聚集了很多人，好在酒店保安已经封锁了718房间，所以现场保护得很好。

据警方了解，王大一从广州来到该城已在富豪大酒店住了一个多星期。该城有许多人都认识被害人，因为他曾经在该城的宏大公司任副总经理多年，后来到广州自立门户，与原公司搞起了竞争。为此，原公司总经理常在酒后破口大骂"王大一是叛徒、无耻小人"。

警察走进718房间，王大一的尸体赫然成一个大字形躺在地板上，衣服有些零乱，显然经过一场搏斗。尸体的胸口插着一把刀，刀身已全部插进胸口，只有刀柄留在体外。从位置来看，刀正好刺入左心室，尽管体外只有刀口部少许已凝固的血液，但胸腔内一定早已充满血液了。

令警察始料不及的是，死者的两颗眼珠竟然已被剜去。这个令人吃惊的场面使资深的法医不禁倒吸一口凉气。根据他们判断，王大一在死前一刹那必然对凶手极端仇恨，这种情况下所看到的一切，包括看到的凶手面貌，都会映入瞳孔，留在视网膜上。如果在21小时内经过适当处理，可以把留在视网膜上的图像都显示出来。

从剜眼睛这个情况分析，说明凶犯对这次谋杀是经过极为周密而充分准备的。另外也表明，凶犯与被害人之间不仅熟悉，而且存在着你死我活的利害冲突。

警方经过对现场仔细的侦查，除在刀柄上发现清晰可见的指纹外，就是在死者右手食指的指甲缝里取得了一丁点儿血丝和一小块皮屑。此外，在死者零乱的衣服上、地毯上、床上没有发现任何可疑的痕迹，连一根毛发也未发现，而且死者的钱物、手机等都在。这说明它不是一起谋财害命的案件，死者与凶犯间肯定有着深仇大恨，是仇杀。

根据警方掌握的材料，宏大公司的总经理徐宏大极有可能是凶犯，因为在这个城市里，徐宏大与王大一曾是合作伙伴，王大

一自立门户后又与徐宏大搞起了竞争，使宏大公司的营业额和利润都大幅度下降。徐宏大对王大一的所作所为火冒三丈，是不是徐宏大利欲熏心而对竞争对手狠下杀手呢？一切结论都只能在调查研究之后。警方立即传唤了宏大公司总经理徐宏大，徐宏大对警方的传唤感到莫名其妙，警方要徐宏大提供指纹和血样，徐宏大坦然地满足了警方的要求。

警方取得徐宏大的指纹和血样后，立即送到刑侦队法医实验室进行指纹比对和DNA分析。指纹比对的结果证明，刀柄上的指纹是徐宏大所留，因此徐宏大难脱杀人嫌疑，警方根据指纹比对的结果立即拘留了徐宏大。第二天，DNA分析结果也出来了，使警方始料不及的是，现场取到的血丝和皮屑所显示的DNA指纹图，与徐宏大血液所显示的DNA指纹图对不上号。这个结果说明，凶手另有其人。于是法医和刑侦人员建议立即放人，徐宏大就这样走出了拘留所。

刑侦人员根据指纹与DNA指纹两者不一致的结果分析，认为凶犯智商很高，与死者和徐宏大都熟悉，而且与徐宏大关系极为密切，刀柄上的指纹是凶犯故意布置的迷阵，企图把侦查方向引入歧途，凶犯也确实想借助司法的力量除掉徐宏大。一位有经验的老法医立刻指出，凶犯是戴着布满徐宏大指纹的橡皮手套作案的。为了使在场的刑侦人员都确信他的判断，他立即把自己的双手朝下放在一台复印机的平板玻璃上，开启另一台与复印机相连的刻印机。随着刻印机的"咔嚓"、"咔嚓"的响声，一张薄薄的皮革从复印机的插槽内向外延伸，等到响声停止，从插槽内取出皮革时，上面布满了那位法医的指纹。这个演示使全场的法医和刑侦人员对老法医的判断心服口服。这时候，大家几乎一致把侦查的方向集中到与徐宏大关系密切、智商又高的少数几个人身上。

于是，侦查人员分头找到宏大公司的两位副总，希望他们提供血样。血样到手后，侦查员刻不容缓地把它们送到法医科

中国科普文选（第二辑）

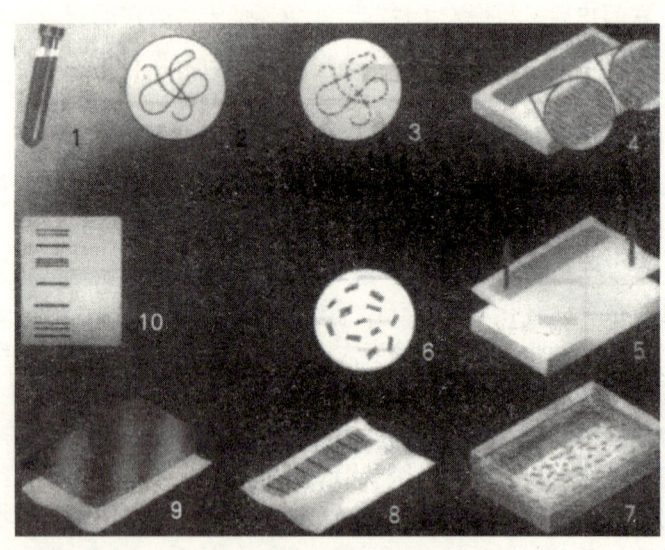

基因指纹的制取过程

1. 血液样本；2. 血液中所含的DNA；3. 用特殊的酶将DNA长链切成一些长度不一的短片段；4. 通过凝胶电泳法，DNA短片段因迁移速度不同而在凝胶上形成不同的条带；5. 凝胶上形成的条带模式需要通过一种叫印迹转移的方式，转移到一种特制的尼龙薄膜上；6. 放射性探针，可以识别特定的DNA短片段；7. 放射性探针会和尼龙薄膜上特定的DNA短片段结合在一起；8. 将其他的没有与放射性探针相结合的DNA短片段洗掉；9. 放射性DNA短片段使得X线胶片的相应位置感光；10. 将X线胶片冲洗后就可以得到基因指纹

DNA分析室。第二天上午，结果出来了，一位姓杜的副总血样中的DNA指纹图与现场采集到的血丝及皮屑所显示出的DNA指纹图完全一致，这说明杜副总就是凶犯。当警察再次在杜副总面前出现时，杜副总已预感末日来临，警察把他带到公安部门，刚一交手，他就交代了自己作案的全过程。他确实想除掉王大一，这样可以少一个竞争对手，他想借王大一的死再除掉徐宏大，由此而替代徐宏大出任宏大公司的总经理。这位智商高的杜副总却

基因指纹技术的创立者，英国莱斯特大学的遗传学家亚历克·杰弗里斯正在实验室中工作

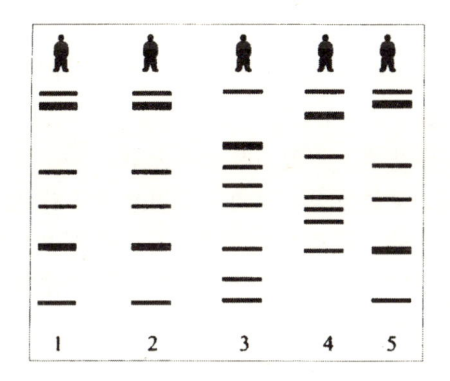

1、2 是现场采集到的血迹和皮屑所显示出的 DNA 指纹图，两者完全吻合，表示来自一个人；5 号是杜副总血样所显示的 DNA 指纹图；3 号是死者 DNA 指纹图；4 号是徐宏大的 DNA 指纹图。经过指纹图对比，杜副总就是杀人凶手

恰恰忘记了"多行不义必自毙"的古训，聪明反被聪明误，到头来把自己送上了断头台。

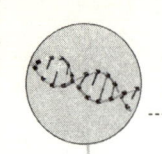

法庭科学实验室必须运用标准的 DNA 分析技术，这样得出的结果就可以在国家资料库进行直接对比

貌似文雅，原来是凶神恶煞

我们再把视线转向贵州。该省的一个小城市 8 年前曾破获了一起连环杀人案，11 名女青年分别在该城周围的不同地点、不同时间被人强暴杀害，只有一位女性从凶手手中逃了出来。调查此案的警察四处搜集证据，除在一名死者身上找到两处精液痕迹外，其他一无所获。根据逃出凶手魔爪的受害女性描述，警方从许多嫌疑人中锁定了该城市的一名青年，当警察初次与该男子接触时，看似文质彬彬的疑犯，却矢口否认曾经作案，而且强烈要求警方拿出证据。

贵州警方从疑犯身上采集了血样，并带上从受害者体内取得的凶手留下的精液证据，做了 DNA 鉴定。结果证明，这名男性疑犯的 DNA 指纹与精液显示的 DNA 指纹丝毫不差。在 DNA 指纹面前，一度气焰嚣张的疑犯像泄了气的皮球，再也硬不起来了，不得不低下头，从头至尾交代了作案经过。

远走高飞，两凶手难逃法网

上海刑侦系统为将 DNA 指纹技术运用在法医学中，引进了先进的设备和技术，并将一批懂技术的研究人员及时充实到刑侦队伍中，现在的刑侦人员都能借助 DNA 指纹技术准确断案。

让我们来看一个案例。一个夏天的凌晨，一位急着到上海市区办事的村民，在市郊一条乡村小道东侧的理发店前，看到一辆白色奥拓轿车与门前的铁柱相撞。他上前往车内一看，简直惨不忍睹，一个血肉模糊的人躺在副驾驶位上，是死是活难以定论。他立即拨打 110 报警。110 接报后很快来到现场，经过初步侦查，确定在奥拓副驾驶位上的人已气绝身亡，他浑身上下全是刀伤，车厢内血污满地。死者为奥拓车主，是身强力壮的当地人，根据初步判断，这是一起劫车杀人案。

当日早晨 7 时，公安刑警立即赶至现场，法医对死者检查结果表明，死者从脸部开始直到下肢部都有刀伤，伤口杂乱，深浅不一，无法一一计数，被害人因心肺被穿透而大量流血致死，足见凶手杀人手段之残忍。刑侦人员当即从死者身上取下血样，并从轿车内外 10 多处提取了痕迹物证，几小时后，检验结果表明，车内、车外血迹所显示的 DNA 指纹不同，除车主外，还有一个 DNA 指纹。这一结果似乎告诉刑侦人员，作案者是一名男性。但侦查人员凭多年办案经验判断，像这样残忍的劫车杀人案，而被害人又是身强力壮的中年男子，一人作案的可能性似乎不大，带着这个疑问，专案组人员决定再赴现场提取可疑物证。他们很快又对车内、车外各个部位的生物物证进行检验，结果另一名男性的 DNA 指纹清楚地显现在办案人员的面前。两次结果证明，杀人案的凶犯应该是两人。

公安局的刑侦人员立即对现场周围展开了地毯式的搜索，在划定区域内一寸一寸地查找可疑的痕迹物证，真可谓"只要功

夫深，铁杵也能磨成绣花针"。就在乡间小道几处不起眼的地方，侦查人员发现了少量的痕迹物证，经过 DNA 指纹对比，与轿车内外疑犯的 DNA 指纹相同。这个结果太重要了，因为它显示了犯罪嫌疑人离开作案现场后的去向。侦查人员判断，像这样刚好只能通过一辆奥拓轿车的乡间小道，外来人员是不敢贸然把奥拓车开上道的，只有非常熟悉本地环境的当地人或长期居留在附近的外来人员才有可能，据此判断，嫌犯就在附近藏身，沿着这条乡间小径往前走，极有可能找到凶犯落脚处。

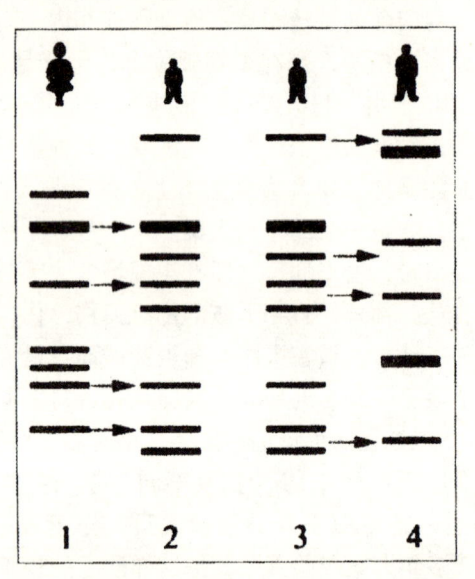

1 是徐姓青年母亲的 DNA 指纹图；2 是汽车内血迹的 DNA 指纹图；3 是地毯式搜查到的生物物证 DNA 指纹图；4 是徐姓青年父亲的 DNA 指纹图；2 与 3 表明来自一人，2、3 与 1、4 比较后确认 2，3 为 1、4 两人的儿子，即徐姓青年

当刑侦人员沿着小径走进村落调查这起轿车凶杀案时，立即就有村民向他们提供线索。据村民反映，就在案发当天，本村一名姓徐的青年和一名姓吴的青年不知去向。刑侦人员得到群众反映后，立即至徐姓、吴姓两名青年的家，向其父母了解他们的去

向，而两名青年的父母都说不清自己的儿子究竟去了哪里。为此，刑侦人员要求他们提供皮屑等生物物证。取得生物物证后，刑侦人员丝毫不敢懈怠，立即将生物物证送往法医部门的 DNA 检验室进行 DNA 指纹比较，肯定了徐姓吴姓两名青年就是凶犯。根据 DNA 指纹检测的结果，公安人员立即开展抓捕行动，很快就在湖南长沙把两犯抓捕归案。

花言巧语，基因神探辨真伪

上海刑警凭着认真负责的精神和精湛的技术，赢得了上海市民的赞誉和信任。让我们再看一个案例：2004 年某日，上海市某区一位 81 岁的老太倒在自己住房的地上，老太的儿子发现母亲倒地有些不正常，在拨打 120 呼救的同时，也拨打了 110。刑警接报后迅速赶赴现场，死者口鼻和外耳道都有少量血迹，身体多个部位有散在性皮下出血，颈部可看到有一环状索沟，肌肉有出血痕迹，甲状软骨骨折。死者损伤程度虽不严重，但受伤范围极广，是因为被人捂嘴、扼颈、勒颈后致死的。

根据法医鉴定分析，老人身高 1.43 米，年老体弱，伤势程度偏轻，许多伤痕为抵抗时所留。由此可以认为，凶手体力与老太相当，可能是老年人或年纪轻的初犯，而且凶手应与死者相识。

从死者口鼻部和外耳道仅有少量的血迹，而在地上、床上、毛巾被上等处却血迹斑斑这一特征推断，凶手可能在与死者对抗中受伤出血。

当日下午 2 点左右，刑侦人员到现场提取血迹时，对毛巾被上五处看似擦拭状的血迹特别重视，凭经验，刑侦人员认为只有凶犯才会去擦拭血迹，老太不可能用毛巾被去擦拭自己的血。检验人员认真地按照血迹提取规范，从毛巾被上提取了血样，并从血样中分离出 DNA，制作出了 DNA 指纹图。

根据DNA指纹图分析，凶犯与死者一样是女性，这个结果证实了刑侦人员原先的分析：只有女性力气偏小，才可能在不到6平方米的狭小房间内让81岁的老太还有抵抗余地，才会在自己身上留下伤痕。

肯定了凶手是女性，警方立即划定了案犯可能在的范围，并对划定范围内那些曾经有过不良记录、留过案底，新近又受伤的女性展开调查。几天后，警方终于锁定了一名具有作案嫌疑的杨姓女子，该女子系中年无业人员，最近她的头面部有大量伤痕，流血处已结痂。杨姓女子的血样被送进化验室后，很快就有了结果，从血样中分离出的DNA所显示的指纹，与从81岁老太毛巾被上取到的血迹样所显示的DNA指纹图完全相符。此时该女子再也不能用花言巧语来开脱罪责了，在证据面前，该女子不得不交代犯罪事实：她因赌博而倾家荡产，便到老太家借钱。她的无理要求被老太拒绝，由此发生争吵，该女子在争吵过程中恶念顿生，将81岁老太杀害并劫走5000元财物后逃离现场。

鉴别身份，神探助人觅亲友

其实，DNA指纹不仅能用于准确地侦破复杂案件，同时还有助于鉴别身份、寻找亲人。例如，1996年8月16日，一架图—154客机坠毁，机上有77名乌克兰人和64名俄罗斯人遇难。挪威科学家在20天内，从257块尸体碎片中准确地提取了遇难者的DNA，通过与其亲属或子女的DNA对照，确定了43名女性和98名男性的亲属关系。21天后，所有正确鉴定的尸体被分别运往乌克兰和俄罗斯。

我国在2004年11月21日也发生了一起空难。从包头飞往上海的一架客机，在升空过程中坠地起火，机上45名乘客和机组人员无人生还。包头市中医院接受了确定45名遇难者身份的任务，他们就是从死者的身上取下毛发、皮屑等生物材料，从中

抽取出 DNA，制作成各自的 DNA 指纹图，再与他（她）们的父母、子女等有血缘关系的人做 DNA 指纹图的对比，确认那些面目全非的死难者的身份的。

DNA 指纹

运用合适的限制性内切酶，将 DNA"消化"切成片段，再与特异的核 DNA 探针杂交，然后用电泳的方法，将这些片段按粗细、长短分开，就可以获得杂交带图纹，图纹是由多个位点上的等位基因组成的。这种图纹很少有两个人完全相同，具有完全的个体特异性，故称为 DNA 指纹。可用于个人识别和亲权鉴定。

《自然与人》2006（5，6）

DNA 破解沙皇之谜

潘重光

世纪悬案

在俄国政治舞台上,罗曼诺夫王朝经历了 300 多年的风风雨雨,最后在 1917 年寿终正寝。罗曼诺夫王朝的末代沙皇尼古拉二世的全家,也在 1918 年 7 月 17 日倒在苏维埃政权的枪下。

1918 年 7 月 20 日,莫斯科和彼得堡的媒体公开报道人民公敌沙皇尼古拉二世被处决的消息。7 月 22 日,叶卡捷琳堡的地方报纸报道,沙皇被处决了,而他的家庭成员已被转移。7 月 20 日至 9 月下旬,布尔什维克外交委员会主席和欧洲司领导人多次向全世界表示,沙皇的皇后阿历山特诺娃及其子女是安全的,他们可能以人道的理由被释放,也有可能用他们来交换在德国人手中的俄国战俘。

可是在尼古拉二世被枪决的第 8 天,叶卡捷琳堡就被白军占领,白军立即委派索霍洛夫调查尼古拉二世全家的下落。索霍洛夫访问了一些当地人,并在当地的一个废矿井里找到了一些沙皇家族的遗物,包括沙皇家庭医生的假牙和狗的残留物等。1919 年夏,红军把白军赶出叶卡捷琳堡后,索霍洛夫的调查中止了。

1924 年,索霍洛夫在巴黎出书,书中称苏维埃政府以尤乌洛夫斯基为首的行刑队枪决了沙皇尼古拉二世的全家,包括皇后

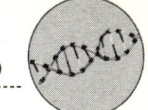

沙皇一家摄于1913年的照片。蹲在前面的男孩是沙皇的儿子阿历克赛斯；前排从左到右分别为女儿玛利亚，皇后阿历山特诺娃，沙皇尼古拉二世，女儿安娜斯塔霞；后排左为女儿欧佳，右为女儿塔悌阿娜

阿历山特诺娃、22岁的女儿欧佳、21岁的女儿塔悌阿娜、19岁的女儿玛利亚、17岁的女儿安娜斯塔霞、13岁的有先天血友病的儿子阿历克赛斯。除此以外，沙皇家族的医生包特金、司机特鲁波、厨师卡雷托诺夫和皇后的女佣德米多娃以及宠物狗无一幸免。索霍洛夫对他在调查

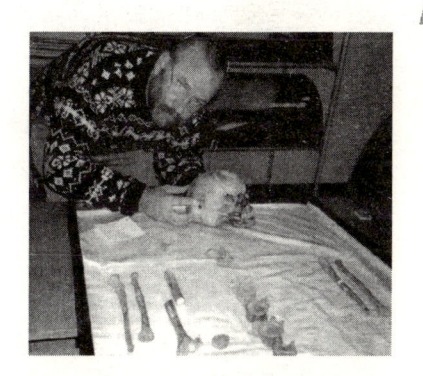

沙皇头骨上留下的9毫米弹孔

中没有取得任何尸体残留物作了如下的解释：行刑队枪决了所有人后，把尸体全部丢进废矿井中并用硫酸毁尸灭迹，后来再用汽油焚烧，因此他找不到任何遗骨和遗物。

索霍洛夫的调查结论很快就被西方政要所采信。索霍洛夫的

书问世不过数日,他就到天国报到了。

英国女王伊丽莎白与其丈夫菲利普亲王。菲利普亲王是沙皇尼古拉二世妻姐的直系后裔

1926年,乌拉尔地区苏维埃政府首脑拜科夫的《沙皇最后的日子》一书出版了,该书内容有许多好像是从索霍洛夫书中抄来的,但该书中指出,尸体在废矿井中被硫酸处理和汽油烧毁后,又把剩下的残渣转移到另一个沼泽地掩埋了,从此,苏维埃政府再也不否认尼古拉二世及其随行人员全部死亡这一消息。到此为止,似乎有关末代沙皇全家死亡的消息可以尘埃落定了。但是,在俄罗斯历史上统治300多年的罗曼诺夫王朝毕竟影响深远,在俄罗斯,沙皇断子绝孙了,而沙皇的亲戚在国外有的依然显赫,因此许多与沙皇毫无关系的人还会冒充沙皇的女儿和儿子,沙皇的亲戚还对沙皇后代的命运抱有一丝希望,如索霍洛夫的书出版时,沙皇母亲就不相信自己的儿子一家就这样轻易地在地球上被消灭了,她拒绝与索霍洛夫见面,也不接受索霍洛夫带

给她的任何遗物。

尼古拉二世夫妇是英国皇室的亲戚，忠于尼古拉二世的克伦斯基等人在沙皇政权摇摇欲坠的时候曾想把沙皇全家送到英国，因为当时英国国王乔治五世的母亲与沙皇尼古拉二世的母亲是亲姐妹，她们姐妹俩都是丹麦公主，而沙皇皇后阿历山特诺娃的母亲又是英国维多利亚女王的女儿，是乔治五世的姑母，因此阿历山特诺娃是乔治五世的亲表姐妹。乔治五世在接到克伦斯基等人的求助信后，本来是想让自己的表兄妹到英国避难，后来不知什么原因，他反悔了。克伦斯基在走投无路时只能把沙皇全家转移到相对安全的地方——西伯利亚的托波斯克，但没有逃出俄国的沙皇全家终究未能逃离死亡的厄运。乔治五世在听到沙皇全家覆灭的消息后感到非常内疚，希望有关沙皇全家死在枪口下的消息是误传。鉴于种种原因，尼古拉二世全家是否真的都倒在了苏维埃政权的枪下，大半个世纪来一直是许多人感兴趣的谜。直到线粒体DNA指纹被证明对鉴别身份确实有用后，沙皇全家被杀的谜团才水落石出。

扑朔迷离

全世界有许多人对沙皇尼古拉二世全家的生死之谜感兴趣，对此，苏联的当政者十分恼怒。1977年，时任克格勃首脑的安德罗波夫建议当时的苏共总书记勃列日涅夫，把处死沙皇的房子拆毁，勃列日涅夫接受了安德罗波夫的建议，他指示西伯利亚斯维尔德诺夫斯克地区的第一书记立即执行，书记不折不扣地执行了总书记的命令，推土机很快就把处死尼古拉二世的房子夷为平地，这样一来似乎尼古拉二世全家的生死之谜将永远无法破解了。殊不知，就在斯维尔德诺夫斯克当地，有一位名为阿乌东宁的地质学家对尼古拉一家是否全被苏维埃政权送上断头台的事兴趣很浓，他的游说居然使一位革命家庭出身的莫斯科人雷波夫对

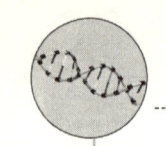

尼古拉二世家族的生死之谜兴趣倍增。雷波夫本人是电影制片人兼侦探小说作家,当雷波夫结束对斯维尔德诺夫斯克的访问回到莫斯科后,他以拍片需要为名,通过内务部长要求查阅有关末代沙皇尼古拉二世的材料。阿乌东宁则根据索霍洛夫和拜科夫书中很不起眼的描述,开始寻找尸体的埋葬地。雷波夫在1978年找到了处决尼古拉二世全家的行刑队头目尤乌洛夫斯基的长子亚历山大,亚历山大已是一位苏联海军的将军,他长期秘密地收藏着一份其父亲在1920年写的行刑报告的副本,这是被苏维埃政权禁止公开报道的绝密材料。在雷波夫的要求下,亚历山大把他父亲写的绝密材料交给了雷波夫。

报告中记载着行刑经过的细节,如将11个被捕者押送到半地下室时,他们都以为要为自己拍照,当他们还未回过神时,11个行刑者同时扣动了扳机。报告中还记载着有两名行刑队员因不肯对手无寸铁又无罪行的妇女、儿童射击而被临时撤换。报告中写道:在废矿井里处理尸体后,因担心当地人走漏风声,尸体又被转移了,在转移途中掩埋了一男一女两具尸体,其他尸体的埋葬地在报告中交代得非常清楚,埋尸方位正巧在阿乌东宁探察的区域内。

1979年5月,阿乌东宁和雷波夫等人根据报告所记录的埋尸地,在那里进行了地毯式的挖掘,终于挖到了人的尸骨,并把两个头骨带回了家。可是他们俩无法处置这两个头骨,只好在1980年又把两个头骨重新掩埋。直到1989年,雷波夫认为自己要做的工作全部做完了,应该公布真相了。他给戈尔巴乔夫写了一封信,告诉这位当时的苏共一把手,他准备对外公布沙皇尼古拉二世全家的埋葬地,可是没有得到回音,于是他便向报界公布了他和阿乌东宁两人调查的结果。

1991年,苏联政权更迭,叶利钦当选为俄国总统。同年,阿乌东宁在当地政府的支持下公开挖掘沙皇一家的尸骨,最终挖到900多块尸骨。经法医认真拼装,拼凑成五女四男,这个数字与行刑队头目尤乌洛夫斯基报告中所记录的情况吻合，因为报告中记录的是在尸体转移过程中曾先掩埋过一男一女。俄国卫生部专门派法医阿布拉莫夫参加尸骨鉴定，他认为，缺少的是公主玛利亚和皇子阿历克赛斯，而美国佛罗里达大学的法医马波斯从头骨分析得到的结论是，缺少的一男一女应该是皇子阿历克赛斯和公主安娜斯塔霞。

依靠骨头、牙齿等解剖特点分析作结论的首要前提，是先要肯定挖掘出来的一堆骨头确实是沙皇尼古拉二世全家的，而仅凭行刑队头目的报告所述还不足为信，要取得令人信服的证据就只有靠DNA指纹了。可是在上世纪90年代，由苏联分解而成的俄罗斯以及其他独联体国家在分子生物学领域的研究和应用水平离世界科学发展距离很远，无法进行DNA指纹鉴定。这时候的俄罗斯总统叶利钦主张把搁置近一世纪的悬案查查清楚，不要再留尾巴，于是决定借助各方力量，采用DNA指纹技术对挖掘出来的一堆尸骨作鉴定。任务落实到俄罗斯科学院分子生物学研究所的伊凡诺夫头上，他的那个分子生物学研究所根本无法开展鉴定工作，因此他决定与英国内务部法医服务中心的分子生物学家基尔合作，来查明挖掘出来的一堆白骨与尼古拉二世家族的关系。

真相大白

1992年，伊凡诺夫带着每具尸骨的一点样本到了英国，在英国内务部法医服务中心的分子生物学实验室中，与该实验室的科技人员合作从每具骨头中成功地分离到了线粒体DNA，首先与英国女王伊丽莎白的丈夫菲力普亲王的DNA作比较。因为菲力普亲王是沙皇皇后阿历山特诺娃亲姐妹的曾外甥，因此亲王的线粒体DNA与沙皇皇后的线粒体DNA来源相同，如果在对比中，发现了与菲力普亲王相同的DNA指纹图谱，那么这具尸骨

就是尼古拉二世妻子的遗骨。找到阿历山特诺娃的遗骨后，她女儿的骨头就很容易定位了，因为女儿的线粒体 DNA 与母亲是相同的。当然，在与菲力普亲王的 DNA 对比时，出现相同图谱的尸骨可能是尼古拉二世女儿的，但不管是女儿还是母亲，只要先定位一个，其余几个就能确定了，而要准确地定位哪堆白骨是母亲的、哪堆白骨是女儿的，那还要根据其他证据（如骨龄等）作出判断。

研究人员在分析沙皇一家的尸骨

对沙皇尼古拉二世本人的身份确定花的时间相对较长，最终几经周折，才确定了他的身份。沙皇尼古拉二世有个亲兄弟，名叫乔治斯，乔治斯在 1899 年 28 岁时就因肺结核病而不治身亡，为了确定尼古拉二世这个末代沙皇的身份，科学家决定委屈一下这位沙皇的胞弟，准备让他从安睡的大理石棺材中"走出来"接受检验。1994 年 7 月，科学工作者经过主管部门批准，打开安放在彼得堡教堂的乔治斯的大理石棺材，从棺材中取出一些头骨和一段腿骨，送到美国马里兰美军病理研究所的 DNA 实验室进行了 DNA 分析。与此同时，负责确定尼古拉二世身份的工作人员着手寻找沙皇的遗物。据历史记载，沙皇在战争中曾受过伤，受伤处还用手帕包扎过，而这块留有沙皇尼古拉二世血迹的手帕还存放在日本的一家博物馆内。根据这个历史记载，鉴定小组立即派人飞赴日本取回了几十年前沙皇留在日本的带有血迹的手帕，从陈旧的血迹中分离出了 DNA。此外，在圣彼得堡皇宫的一个小柜里，鉴定小组又找到了沙皇 3 岁时理发所留下的头发，从毛发中提取了沙皇的 DNA。根据多次 DNA 对比，进行全面分析后，最终令人信服地证明了沙皇的身份，从而

也证明了五具遗骨确实是沙皇一家的。

大千世界无奇不有。沙皇全家明明都被苏维埃政权处决了，就在 DNA 指纹确认了沙皇尼古拉二世一家五口的遗骨后，居然有人自称是沙皇的小女儿。这个人就是后来移居到美国的安德斯。安德斯的迷惑人之处是她能说出许多皇宫秘事，根据从她口中说出的宫廷秘闻分析，她极有可能是尼古拉二世的女儿。当然，要确定她的身份也并非难事，只要从她身上取点血样，分析一下线粒体 DNA 就真相大白了。可当鉴定人员追到她家时，安德斯已离开了人世，而且一把火把她的遗体化成了灰烬，想从尸骨中得到线粒体 DNA 已不再可能。幸好，安德斯在美国弗吉尼亚州的一家医院曾做过肠癌切除手术，这家医院的石蜡块中还保留着安德斯的组织，鉴定人员从石蜡块中取下了几块 6 微米厚的切片，连同安德斯夹在一个信封里的 6 根头发，送到了三个不同的分子实验室。在三个实验室中，分别对这极少量的材料进行了 DNA 的扩增，目的是为了得到更多的 DNA。在得到足够分析的 DNA 后，先与安德斯外甥的 DNA 进行比较，确定从石蜡块中和 6 根头发中获得的 DNA 确实是安德斯的，然后再与沙皇皇后的线粒体 DNA 比较，以便确定安德斯是否真是有幸逃过劫难的小公主。经过这样的比较，最终结果表明，安德斯的 DNA 与沙皇皇后没有亲缘关系。安德斯与公众开了个玩笑。

关于沙皇全家的 DNA 分析结果，分别于 1994 年和 1996 年发表在著名的学术刊物《自然·遗传》上。

直到 1996 年，除一男一女还未找到下落外，沙皇全家成了苏维埃政权行刑队的枪靶子已成定论。尼古拉二世和他的妻子生前被他们的表兄弟英国的乔治五世拒绝于英国之外，想不到在 1992 年，俄罗斯人伊凡诺夫用皮包把"他们"送到了英国，"他们"可以在英国的国土上去与乔治五世继续争论了。

线粒体 DNA

DNA 是英文缩写，翻译成中文就是脱氧核糖核酸。生物的遗传物质基因，是由 DNA 组成的。

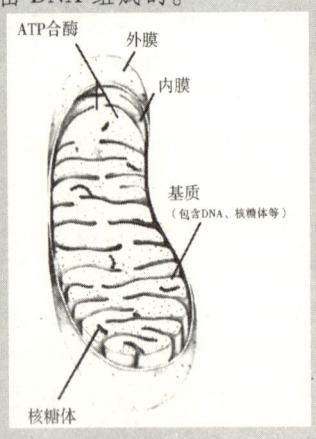

线粒体的构造

线粒体是存在于细胞质中的微小结构，它们的功能是帮助细胞利用氧气制造能量。细胞越有活力，需要的能量越多，包含的线粒体也越多。

藏在每个线粒体正中的是一小段 DNA，一个长度只不过 16.5 万个碱基对的微型染色体。与细胞核中的染色体（简称核染色体）拥有 30 亿个碱基对的长度相比，线粒体 DNA 是微不足道的。

人体核染色体中的 DNA 是来自父母双方的。然而，每个人的线粒体 DNA 就不同了，它们仅来自双亲中的一方——母亲那里。因而，线粒体 DNA 总是母系遗传的。

《自然与人》2006（5，6）

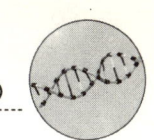

控制基因的开关

青 平

现在，基因是一个炙手可热的名字。各种有关基因的说法几乎无处不在——基因决定性格、决定智力、决定寿命、决定胖瘦，基因导致疾病，由基因识别凶手，基因药物，转基因大豆、转基因玉米，基因……基因……但是，除了基因之外，生活中还有别的东西。

我们的基因中，有98%与黑猩猩完全相同，有70%与海胆相同，60%与果蝇相同。但是，我们与黑猩猩只有一点点相像，与海胆或果蝇则毫无相同之处。

同样，地球上任何两个人之间，有99%的基因是相同的，但是人与人之间却是千差万别。同卵孪生子的基因100%相同，但是，他们在生活中并不是一对复制品。他们的指纹绝不会完全一样，他们的父母和密友通常能够分辨出他俩的不同；有的孪生子出生时一模一样，后来却越长越不像，以致他们的父母都吃不准他们究竟是不是孪生兄弟……所以说，基因并不决定一切。

我们已经知道，环境因素对我们的影响可能与基因一样大，例如，喜欢吃奶油蛋糕的人容易发胖。对孪生子的研究发现，分处两地长大的双胞胎不及一起长大的双胞胎那么相像——是环境造成了他们之间的差别。只是在最近的10年间科学家方才准确地知道环境如何塑造我们的身体和心灵。

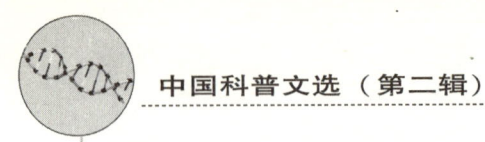

一只带有 agouti 基因的母鼠和它的棕色仔鼠。两只老鼠都带有造成母鼠肥胖的 agouti 基因，但是，在仔鼠体内，环境影响使得该基因关闭了。

已经证明，除了 DNA 密码外，细胞中还存在着一种第二层次的指令，负责在不改变基因本身的情况下决定基因的表达还是不表达，这种新发现的控制层叫做表观遗传密码。表观遗传是指 DNA 序列不发生变化，但基因表达却发生了可遗传的改变，这种改变是细胞内除了遗传信息以外的其他可遗传物质发生的改变。

比起 DNA 来，表观遗传标志更容易发生变化。你吃了什么，你就暴露在吃下去的化学物面前了，你的表观遗传标志就可能受到影响，甚至别人对你做了些什么也会改变你的表观遗传标志。然后，表观遗传标志又会影响基因的活性。令人吃惊的是，这些表观遗传标志有时候还会遗传，像基因一样一代一代传下去。所以，你的生活方式和你受到的压力有可能影响到你的儿女和孙辈。

近年来，这方面的案例已经越来越多。

案例一　老鼠变色

4年前，兰迪·杰特尔和他在杜克大学的合作者罗伯特·沃特兰发现，在老鼠中有一种奇特的特征，他们用同一世系的老鼠做实验，这些老鼠拥有一种叫做 agouti 的基因，该基因可以控制皮毛颜色。如果该基因表达活跃，老鼠皮毛是黄色的；该基因不表达，则是棕色的。

操纵基因

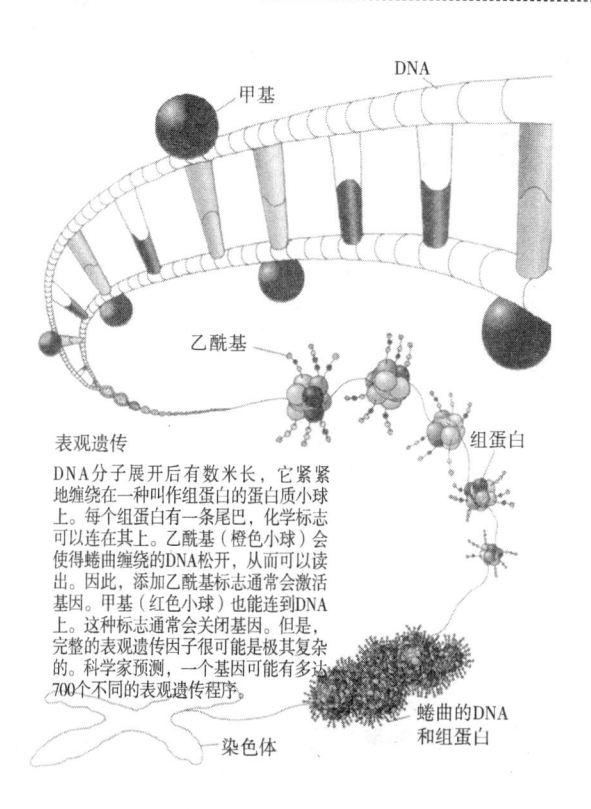

表观遗传

DNA分子展开后有数米长，它紧紧地缠绕在一种叫作组蛋白的蛋白质小球上。每个组蛋白有一条尾巴，化学标志可以连在其上。乙酰基（橙色小球）会使得蜷曲缠绕的DNA松开，从而可以读出。因此，添加乙酰基标志通常会激活基因。甲基（红色小球）也能连到DNA上。这种标志通常会关闭基因。但是，完整的表观遗传因子很可能是极其复杂的。科学家预测，一个基因可能有多达700个不同的表观遗传程序。

图中标注：DNA、甲基、乙酰基、组蛋白、蜷曲的DNA和组蛋白、染色体

在通常情况下，黄色鼠妈妈的仔鼠是黄色的，棕色鼠妈妈的仔鼠是棕色的。但是，在杜克大学，研究者在部分孕鼠的饲料中掺入了一种在大豆中发现的营养剂，结果，吃了这种饲料的黄鼠生下了棕色仔鼠，棕色仔鼠也拥有 agouti 基因，只是不表达。进一步的研究表明，大豆营养剂在老鼠 DNA 上的 agouti 基因旁边加上了一个表观遗传标志，这个标志关闭了该基因。

agouti 基因还控制着老鼠的食欲。该基因活跃的老鼠不会感到饱，所以它们总是狼吞虎咽，不停地吃东西，长得越来越胖，易死于糖尿病和癌症。agouti 基因被关闭，老鼠在变成棕色的同

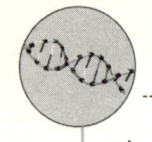

时，进食也正常了，身材苗条了，也不生病了。

这个故事之所以成为重大新闻，是因为它是唯一的环境影响明显优先于遗传因素的事例。母鼠在怀孕时吃些什么比它的基因对仔鼠的影响更大。

或许有人会问：大豆为什么不会关闭母鼠的 agouti 基因，使它变得更加健康、毛色更深？答案是：绝大多数表观遗传标志在出生前就被置入细胞了，它们未必坚不可摧，但是，营养补充的作用没有大到足以改变它们的程度。

案例二　吃得太好的祖父

瑞典北部有一个偏僻小镇。那里的教堂保存着几百年来的居民出生和死亡记录，还有着非常完整的关于收成和食品价格的记录。两名科学家——伦敦儿童健康研究所的马库斯·彭布雷和瑞典于默奥大学的冈纳·凯特欣喜地发现了这个数据宝库。通过分析这些数据，他们发现：如果祖父在青春期前吃得很好，那么，他的孙子死于糖尿病的概率4倍于饥荒年代长大的祖父们的孙子。祖母的营养情况对孙女也有相似的效果。

祖父对孙子的影响不仅是给他讲故事

这是一个令人吃惊的发现。人们相信，母亲在怀孕期间吃的食物会影响她腹中的胎儿。但是，这一次，表观遗传标志是由男性传递的，而且影响到不止一代，这是不是意味着你我会因祖父母的行为获益或受害？

案例三 狮虎兽

狮虎兽是雄狮子和母老虎交配生下的杂交品种。狮虎兽的外表特征像它的虎妈妈，雄性狮虎兽长有狮子的鬃毛。但是，狮虎兽最显著的特征是其身材，它们体型巨大，远远超过其双亲，它们的体重可达550千克，而最大的老虎体重不到400千克，狮子则更小。为什么狮虎兽长得这么大？

雄狮虎兽长有稀疏的鬃毛像老虎，但不像狮子。狮虎兽会游泳。它们的吼声是虎啸和狮吼的混合

狮虎兽异乎寻常的身材与一种称为印记基因的表观遗传变异有关。印记基因是指只表达亲本一方的遗传信息，而另一方处于关闭状态的一类基因，通常控制着动物的生长。

目前尚不完全清楚印记基因的作用原理，但是，普林斯顿大

学的雪莉·蒂尔曼猜想，这是因为父母双亲在子女的身材问题上"没有取得一致"。

一般来说，父亲总是希望自己的儿女长得强壮些，从而生存机会可以大些。但是，由于胎儿出生前是在母亲体内孕育的，所以她不希望胎儿长得太大。

这样，父亲倾向于遗传给子女长得更大的基因，母亲则倾向于用表观遗传标志关闭它们的基因，通常情况下都是母亲获胜，生出来的子女都是普通身材。但是，由于狮子和老虎是不同的物种，这种控制过程被打乱了，母虎无法关闭雄狮的基因，结果，生出的狮虎兽长得比父母更大（但十分漂亮）。

案例四　克隆羊之死

多莉，世界上第一只克隆羊

10年前，克隆羊多莉的诞生震撼了全世界。但是，你可能不知道，多莉是277个受精卵的唯一幸存者，为什么这么多克隆体都死了？一个迹象是，克隆实验产生的胎儿都太大。这表示，在克隆过程中印记基因发生了某些差错，就像发生在狮虎兽身上的情况那样，应该关闭的促进生长的基因没有被关闭，而这个错误在克隆过程中是致命的。

克隆实验的高失败率告诉我们，对于表观遗传代码，我们还得好好学习！

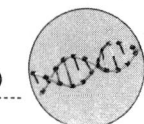

案例五　花斑猫

被克隆的不仅仅是羊，第一只克隆猫叫 Cc，是一只三色花斑猫，白色毛皮上有不规则的橙色、黑色的随机花斑。Cc 的皮毛花斑与它妈妈雷恩波不一样，尽管它们两个的基因完全一致。这是为什么？

所有的花斑猫都是雌猫。我们知道，动物的性别是由一组特殊的染色体决定的。雌性有 2 条 X 染色体，雄性有 1 条 X 染色体和 1 条 Y 染色体。换句话说，凡是 X 染色体携带的基因，雌性都有双份，雄性则只有一份。有双份基因并不一定是好事，所以，绝大多数雌性利用表观遗传密码使得每个细胞中的一条 X 染色体保持沉默，从而关闭了在该条 X 染色体上的基因。

雷恩波依偎在它的克隆体 Cc 身边

有一种解释认为：控制皮毛颜色的基因正是在 X 染色体上。它有两种形态，一种生成橙色皮毛，一种生成黑色皮毛。当猫胚胎发育为 64 个细胞的胚胎球时，每个细胞中都有一条 X 染色体被随机关闭了。保持活性的 X 染色体可能携带橙色皮毛的基因，也可能携带黑色皮毛的基因，由这些细胞分裂产生的细胞都有着与母细胞同样的皮毛基因。由于同一母细胞生成的子代细胞往往聚在一起，小猫的皮毛最终随机长出黑色和橙色花斑（白色皮毛则由不同的机制生成）。这样，虽然 Cc 是它的妈妈克隆出来的，它们的皮毛花斑却不相同，因为这是由一个随机的表观遗传过程决定的。

案例六 大屁股羊

1983年，美国俄克拉何马州诞生了一只屁股特别大、臀尖肉特别肥美的公羊。美国农业部和杜克大学的研究人员找到了造成臀部异常的突变因子，并将之命名为callipyge，意思是"漂亮的臀部"。

你能认出callipyge羊吗？左起第一只和第三只

但是，当科学家想要繁殖更多大屁股羊时，却失败了。而且，奇怪的是，在实验中，带有callipyge变异因子的羔羊中，只有小公羊有发达的臀部，小母羊却没有，这很难仅仅用遗传学来解释。

经过10年的试验，比利时列日大学的米歇尔·乔治对其中原因做出了解释。Callipyge变异因子包含位于同一条染色体上的2个基因。与狮虎兽的情况一样，两个基因都被打上了印记，由于印记的关系，其中一个基因只有在公羊身上才会表达，另一个只有在母羊身上才会表达。Callipyge突变是通过整个基因体系和表观遗传作用来控制臀部肌肉发育的，这就是双亲的遗传作用如此难以预测的原因。

案例七 不相像的单卵孪生子

单卵孪生子的基因是完全一致的。但是，多年来，人们发现，单卵孪生子并非丝毫不差，而且，越长大，差别越大。孪生子中的一个可能患某种遗传疾病，如精神分裂症，而另一个却没事。孪生子的口味和行为习惯也会有所不同，婚后的孪生子一般不会觉得自己孪生兄弟/姐妹的配偶有吸引力——这也许是件好事。那么，基因100%相同的人之间为什么会有区别？

为此，西班牙国家癌症中心的马尼尔·埃斯特拉和他的同事检查了来自西班牙、丹麦和英国的80对单卵孪生子的DNA，其年龄从3岁到74岁不等。在基因中，科学家找出了两种表观遗传标志，一种会关闭基因，一种会激活基因。3岁孪生子的基因看上去完全相同，50岁孪生子的基因有很大不同。而且，如果一对孪生子是在不同地方长大和生活的，那么，比起在一起共同生活的孪生子，他们之间的区别就更大。这提示我们，环境因素，例如药物、抽烟，能够改变表观遗传标志的模式。

美国俄亥俄州的特温伯格市每年举办双胞胎节，吸引大批孪生子和对孪生子感兴趣的科学家

这一切意味着什么

首先，有关表观基因的工作表明，当我们谈论"我们是谁"

的问题时，我们的外貌，我们的举止，甚至我们会得什么病，这一切都应当考虑在内。我们所做的一切，以及我们身上发生的一切，都有可能影响我们的基因和我们自己。

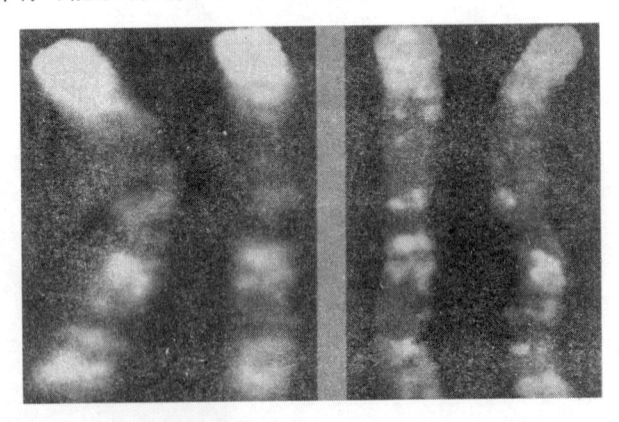

3岁孪生子的染色体（左）与50岁孪生子的染色体，前者的相似程度比后者高得多。图中显示，年幼的染色体上均匀包覆着叫做甲基的表观遗传标志。50岁孪生子染色体染上红、绿颜色显示的是加上或去除了甲基的基因所在区域

至少，在这一点上，我们必须假定每件事都应该计算在内，因为我们不知道究竟什么该算，什么不该算。在一个著名的实验中，麦吉尔大学的米查尔·米尼表明，出生时被母鼠舔过的仔鼠，长大后更加勇敢和镇定。他的实验足以证明，一个关心体贴的母鼠，能够除去仔鼠大脑中会使仔鼠对压力敏感的表观遗传标志。这就是说，诸如像受到关心这样一些简单的事情，造成了仔鼠大脑中永久的变化，既然舔一舔也应该计算在内，那么，还有哪些是不该计算在内的呢？

任何事都会影响后代的可能引起了一些恐慌，但是表观遗传研究给我们的根本信息是大有希望，因为，改变表观遗传标志相当容易。米尼发现，他只要给那些出生时被忽视的成年鼠注射含

有能够除去压力的表观遗传标志的药剂，就能使它们变得勇敢和镇定。因此，存在着一种诱人的可能性，即了解表观遗传，会帮助我们解决那些过去认为是无法可治的医学和心理问题。

最近的发现也告诫我们，我们生长中受到的制约因素要比我们认识到的多。我们不仅仅是由父母给我们的基因组成的；我们在一生中所做的选择都在塑造和改变我们的基因。或者，正如表观基因学家马库斯·彭伯格说的，"我们都是自己的基因组的守护人"。小心守护好你的基因吧。

《科学画报》2007（6）

复杂，越来越复杂：漫谈复制基因

陈 冰

如此难以置信，能够生长成我们每个人的所有信息，竟是记载在一小圈微小到无法被肉眼看到的 DNA 螺旋线上。一个普通的试管就可以装下全世界所有人的信息，然后放入上衣口袋就会被带到任何地方！

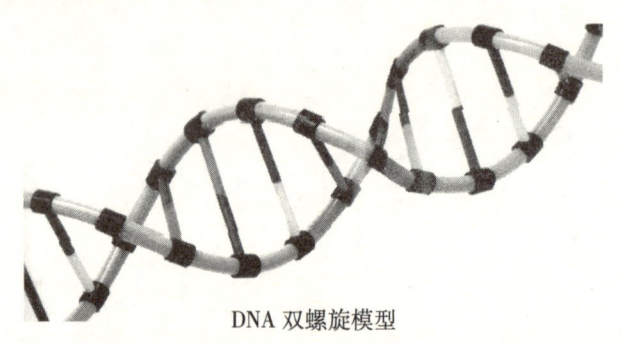

DNA 双螺旋模型

生命，从本质上说是为了基因的复制。然而，令人难以置信的是，为了复制基因，生命居然玩出了那么多的花样，而把复制基因这件事情做得最哗众取宠、最繁文缛节的就属我们人类了！为了复制，为了使基因再一次得到延续，须从一个受精卵开始长大，经历整整 10 个月后，或许因为知道以后要遭受和犯下的罪过，而大哭着降生。

人在度过无忧无虑的快乐而短暂的幼年之后，就开始了漫长

的学习生涯，学习各种知识，经历各种事情，品尝人生的各种酸甜苦辣。而痛苦基本上是从童年就开始了，正所谓幸福是生命长诗中最短的一句。受伤，受各种各样的伤，让所有关心你的人都为你担惊受怕；你则不断挑战他们的神经极限。而永无休止的考试则令你焦头烂额，不断挫伤你的自信。很不容易地熬到大学毕业，你以为终于迎来了再也不用考试的日子，却又开始面临工作的压力。你这才开始相信那些已经参加工作的人所言，有试可考的日子实在还是比较幸福的了。

每张面孔看起来都是若有所思，十分可疑，钩心斗角，《孙子兵法》成为你的必修课。你发现所学到的知识实在少得可怜，必须每日不停地学习才能跟上趟。在原始部落里，你只需要同几十人竞争，很容易也很可能在某些方面做得出类拔萃，成为英雄；而现代社会，你的竞争对手不是几十人，而是几千人、几万人甚至几十万人。这使得你很难做到出类拔萃，这使得现代人的快乐少了很多。你渴望真挚的爱情，从相识相知，再到相恋失恋，爱情带给你的痛苦多于快乐。几番努力，你终于和心爱的恋人结婚了，多次尝试，渡过劫波，终于生下了你的第一个孩子。至此，历经近30年，经历大大小小无数个与主题无关的事情，你的基因终于完成了一次复制。

就为了复制一次基因，就兜了这么大一圈，何苦呢？然而大多数生物都选择了类似的一条道路，只是进行了程度不同的简化。唯有病毒才真正甩掉了这些无关的过程，直奔主题。病毒包含纯粹的基因，它只干一件事情，就是不停地复制自己的基因。如果它还干了其他一些导致你或其他生物染病的事情，那实在不是它的初衷，因为它没这份脑子。

那么，为什么大多数生命都选择了这样一种极其繁杂的方法来复制基因呢？唯一的解释就是竞争。每个物种都面临着与其他众多物种竞争的压力。在如此压力下要想简单地做好一件事情，难度变得很大。于是所有的物种都把复制基因这种事情巧妙地隐

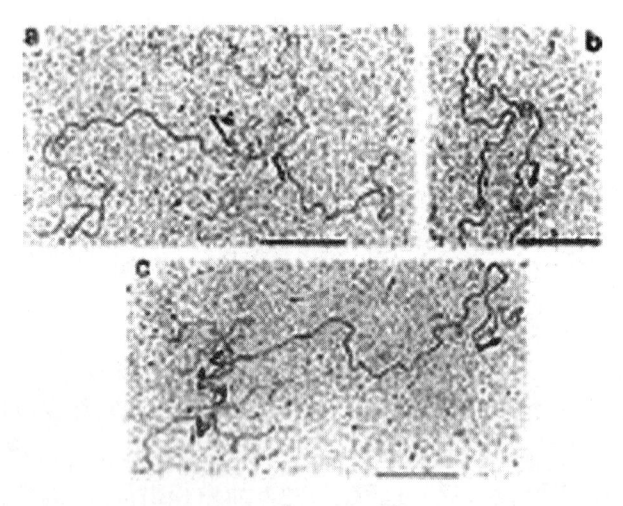

复制中的病毒 DNA

藏了起来，在偷偷摸摸中进行复制——要干重要的事情时，做好伪装是必须的。这种复杂化的竞争在所有生物中进行。每种生物都试图变得更复杂，从而变得更聪明。尽管复杂并不等于聪明，但两者之间确实有某种联系，以便凭借竞争攫取更多的资源，来维持自己的基因复制。当然，病毒是个特例，它走通了另外一条道。

DNA 和 RNA 就像是两种大同小异的编程语言。虽然每种都只有少得可怜的四条语句，RNA 是 A、G、C、U 四种碱基；DNA 是 A、G、C、T 四种碱基。但通过不同的组合，却编写出了数百万种不同的生物。在自然面前，不同物种亿万年来一次又一次认清一个道理，那就是没有哪段程序是完美的永恒的。物种必须不断地修改自身原来的程序代码，必须把自己编写得更复杂才能生存下去，那就像现代的软件公司对自己所开发的软件产品所干的事情一样，每隔一段时间都必须推出新版本，否则就会被淘汰。

生物要想变得复杂，毫无疑问首先是从基因的复杂开始的。

基因有一些使自己变得更复杂的方法，其中之一就是重复。基因在复制的过程中，可能会出现把一段基因复制两遍、三遍，甚至更多遍的疏忽。这就像是你抄写《圣经》时，不小心把《圣经·出埃及记》中"十诫"里的第八条"不可偷盗"抄写了两遍，甚至更多遍。尽管看起来有些不雅，但原则上说也没有什么坏处。对于物种来说也是一样，假如某个基因被复制了两遍，其实不会有什么不好的事情发生。事实上，这种重复甚至对生命而言是有益的。比如，正常人总共有四个α球蛋白基因，因而有四种程度的α型地中海贫血症，这取决于患者是缺一个、两个、三个，还是缺四个α球蛋白基因。缺一个基本无症状；缺两个，红细胞会稍有异常但其他都正常；缺三个会严重贫血；缺四个出生时或出生后不久就会死掉。有时候只告诫一遍"不可偷盗"是不够的。这种基因的重复很多时候，是由一种被称为"跳跃基因"的基因所造成的。这种跳跃基因通过在 DNA 中跳来跳去，把自身的拷贝留在 DNA 中的多处部位。有时候跳跃基因在跳跃时，还会把邻近的一段 DNA 也一并带走，并在随后将这些不完整的 DNA 片段也复制到其他地方。尽管这些破碎的 DNA 片段现在没有什么用处，但其中的一些通过变异，会在以后的某段时间发挥作用。

　　事实上，重复对生命而言是非常重要的。想想你为什么有两个肾？那可不是为了让你捐的；为什么你有好几叶肺片？那也不是为了让你潜水时可以多憋会儿气。只要可能，任何一个物种都希望给自己的任何一个部分留下一个备份，只要那样做不会带来太高的成本。

　　基因变复杂的另一个途径就是变异。DNA 或 RNA 链中的碱基在复制时，或在受到类似紫外线照射这样的外界刺激的情况下，可能会发生变异。有趣且值得庆幸的一点是，碱基在发生变异后仍变成一个碱基，比如 G 突变成 C，而不是完全变异成一种出乎意料的什么东西。

生活所迫，基因需要变得越来越复杂，但越来越复杂的基因也给复制带来了麻烦。很显然，如果只让你抄写《圣经·出埃及记》中的"十诫"，你可能一个抄写错误都不会犯。但如果让你抄写整部《圣经》，则不出错的可能性几乎没有，你不但会出错而且可能会出很多错！在没有任何纠错机制的情况下，基因的复制错误率其实是很高的，大约为百分之一。为了保证每个子代中至少有一个不含复制错误的个体，最原始生命的核酸可能只有不到100个碱基。后来，为了可以复制更复杂的基因，生命进化出了复制催化酶，将错误率降低到了三万分之一，生命的复杂度也因此得以提高300倍。3万个碱基的复杂度已经足以产生像RNA病毒这样的生命了。绝大多数RNA病毒的碱基数都在3000个至3万个。

然而，在基因试图变得更复杂时，三万分之一的复制错误率又显得不够用了，况且错误不仅会在复制时发生，核酸本身也会由于某些内在的原因而产生自发突变。碱基会从它所在的糖中脱落，留下糖和磷酸盐所构成的空空的骨架。由于DNA是一种相对比较稳定的生物大分子，因此这种自发突变在RNA中更容易发生，这也就是为什么RNA病毒那么容易变异的原因之一。为了修正这种自发突变，并进一步降低复制错误率，生命经过反复尝试在付出高昂代价之后，进化出了一整套的修复酶和校对酶。校对酶会24小时不间断地巡逻以确认每一个碱基都在其位。一旦发现脱落的碱基，它就会通知修复酶，由修复酶将碱基归位。这种先进的修改校对机制，将错误率在原先的基础上骤降了10万倍，使复制的错误率降低到30亿分之一。如此之低的复制错误率，对于生命周期很短的低等生物而言已经足够用了。然而，对于那些高等的寿命很长的生物而言，它们的细胞必须分裂很多次，才能维持这些生物长久的寿命，然而每一次的分裂都会导致复制错误的累积，当这些生物开始繁殖子代时，太多的复制错误和突变已经远远超出了生物的承受能力，如果不采取适当的措施的话，这类生物将无法产生没有错误的后代！

以我们人类为例，按寿命为 75 年，细胞分裂 50 次，并在 30 岁时生育计算，则细胞平均每 1.5 年（75/50 = 1.5）分裂一次。这样到 30 岁繁衍下一代时，细胞已经分裂了 20 次（30/1.5 = 20）。而人的 DNA 中的碱基数量约为 6.6×10^9 个，这样我们可以得到这个人在繁殖下一代时，其母本中就已经有 44 个（$6.6 \times 10^9 \times 20/3 \times 10^{-9}$ 个 = 44）复制错误。采取什么措施才能将这 44 个错误中的 43 个都消除，使人类不至于在复制错误和基因突变中自我毁灭呢？答案就是有性繁殖。这也是所有长寿的高等生物所必须采取的降低错误率的措施。

举个例子，两个个体可能各有一个不好的基因，但两个个体不好的基因可能不是同一个。如果它们采用无性的分裂方式进行繁殖的话，则它们的子代就只能同它们一样，各含有一个不好的基因。但通过引入性，进行有性繁殖，那么它们的子代中有些

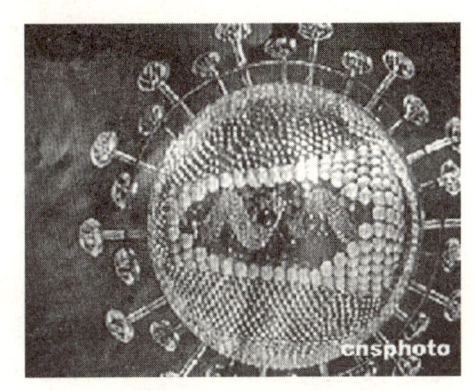

冠状病毒是一种奇特的生物

可能同时含有两个不好的基因，而另一些则可能一个不好的基因也没有。这种调换是很有用的，因为那些含有更多不好基因的子代更有可能在生存和竞争中死掉。通过尽可能多地把不好的基因输给一小部分的子代，然后让自然选择自动地降罪于这些替罪羔羊，以小部分的死亡，来换取尽可能多地销毁不良基因，这是非常值得的！它增加了每一次死亡所带走的不好基因的数量。无论有性还是无性，个体最终都会死亡；但没有"性"，个体会在不好基因还不很多时就倒毙。即便死，也要死得漂亮，要死得其

所，尽可能多地带走不好的基因！

我们前面说过，病毒是一种奇特的生物，在其他生物不断变得越来越复杂的同时，病毒选择了另一条道路，它们试图把自己的基因精炼到极致，不去编码种类繁多的蛋白质，而是尽可能地收缩自己的基因，以便使自己能够以最小的成本、最快的速度来复制出基因。人类和其他生物在把自己的基因变得越来越复杂的同时，也使得 DNA 中被加入了很多无意义的编码。真正的基因只占其中的很小一部分，因此大多数的突变都落在了 DNA 中的非基因区。对于那些无意义的编码，无论它们是否突变对生命都没有任何影响，这就像是计算机程序中很多无意义的语句或垃圾代码。而病毒的组织结构非常紧凑，整个 RNA 中的每一个编码，都是属于某个基因的。其精炼的程度甚至达到了基因之间会相互包含、互相嵌套。一句话，病毒实现了对基因编码的压缩存储！这种高度的精炼使得病毒 RNA 上发生的任何突变，都会对病毒生命产生影响，这是病毒那么容易变异的根本原因。变异并不是安全的，绝大多数的变异对生命而言都是危险的，即便对病毒而言也是如此！这就像是你抄起油漆桶朝雪白的墙上泼去，碰巧泼出一幅画的情况是很少的，通常你只是搞污了一面墙！病毒可以说是行走在突变熔毁的边缘，所谓玩刀剑者必死于刀剑。人类要想战胜病毒，从病毒高度的突变入手可能是一种方法，通过进一步提高病毒的突变率，让突变超出病毒的承受力，令病毒死在自身的突变中。

现在再回头看看我们人类自己，原先认为人有 10 万个基因。人类基因图谱出来后，却显示人类只有不到 3 万个基因。而最新的反对意见是美国加州圣迭戈诺华研究所的研究人员，对比了国际人类基因组计划的科学家和塞莱拉公司的研究之后，发现他们鉴别的是两套大不相同的基因，其重合程度只达到大约 50%。也就是说两个机构鉴别的基因中，只有 1.7 万条是一致的；有 2.5 万条基因只属于其中一个研究机构的鉴别结果。领导这一对

比研究的库克博士说，3万条基因对于人类来说是太少了，但他估计总数也不会超过6万条。

不管是3万还是6万，随着人的寿命越来越长，基因越来越复杂，是否会再次出现现有的所有纠错机制都不够用的时候？到那时人类是会在基因熔毁中把自己撕成碎片？还是靠进化出新的纠错机制，达到百亿甚至千亿分之一的错误率，从而迎来进化成超级生命的可能？

生存还是死亡？这是一个问题。

操纵基因

徐欢胜

提起老鼠,人们想到更多的是"贼眉鼠眼"、"抱头鼠窜"、"獐头鼠脑"。老鼠盗食粮食、传播疾病、毁物伤人——令人生厌,所以"老鼠过街,人人喊打"。鲜为人知的是,老鼠曾为人类做出过,而且正做着重大的贡献,没有老鼠的这些贡献,也许人类永远不会知道癌症、动脉粥样硬化、阿尔茨海默病这些严重疾病的病因,至于治疗,更是无从谈起。那么,老鼠又是如何作出这些贡献的呢?

用老鼠做替身

老鼠是优良的实验动物。借助它们,人类可以更好地了解基因的作用。现代生物医学实验室里,被广泛采用的是大鼠和小鼠,它们是两个不同的物种。不过,小鼠的应用更广,贡献更大。比起大鼠,小鼠因具有个头小、饲养方便、成本低廉、传代更快等特点而受到更多科学家的青睐。随着现代生物技术的发展,已经可以通过操纵小鼠的基因来陆续揭示人类疾病的原因了,从这个意义上来讲,小鼠堪称人类理想的替身。目前,人类已经能够对小鼠的基因做"加减法",其中做得最多的是"减法",也就是科学家所说的"基因敲除"。不仅如此,科学家还可以对基因实施精细的控制。打个比方来说,当人们把整本书的

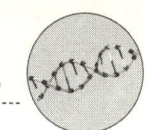

文字都输入到了电脑之后，就可以用文字处理软件（比如Word）进行轻松编辑：可以在选定的位置删除一段文字，也可以根据需要插入一段文字，当然，还可以通过配套使用"复制"和"粘贴"功能，毫不费力地把某个段落加倍。当然，被删除或增加了文字的段落和书本，其含义可能也跟着发生了变化。

不过糟糕的是，这本书通篇没有标点符号，你可能认识书里面的每一个字，但因为没有标点，所以你对整本书究竟讲了些什么，仍旧一无所知。更具挑战性的是：哪怕是对相同的位置、相同的文字，也可能因删除或添加的时刻的不同而使书的整体意思表现出很大的不同。

幸运的是，这本书是活的！当你删除或添加了一段文字后，它会自动告诉你一个对应的结果。也就是说，当你敲除了一个基因后，可能会在小鼠体色、大脑、眼睛等形态或生活过程的异常现象中得到一定的反映。这样，你就可能从被敲除的时间和小鼠的症状上推测被敲除基因在身体发育的某一阶段以及身体的哪一部分发挥着作用。过去的十几年，科学家们已经用这种方法搞清楚了很多基因的功能，而且发现了很多致病基因，为治疗这些疾病奠定了坚实的基础。

但是，要想某个被操纵的基因在小鼠的日常生活中反映出来，必须在基因、细胞、个体三个水平上都实施相应的操作或给予条件满足。从这个意义上来讲，"基因操纵"称得上是一项精细而系统的手术！

调包基因

众所周知，小鼠的遗传信息隐藏在一个个基因里，而基因又是脱氧核苷酸（DNA）片段，就像一段绳子，只不过这种绳子是由两股细线缠绕形成的。可是，DNA极其细小，把两万多根DNA拧在一起，还不及一根头发丝粗细，两端完全展开也只不

过几厘米。对这么小的东西实施操作，就像是在螺蛳壳里做"道场"！

不过，科学家们自有办法！他们巧妙地利用了 DNA 双链同源重组的特性：当两段 DNA 双链碱基序列相同时，它们之间就可以发生位置互换。为了能够顺利地"调包"，他们精心设计了一个"假包"——用待删除基因两端的小段 DNA 作为空包，然后用另外一段假的、长度与被删除基因差不多的 DNA 作为内容物。在生物工程领域，这个"假包"被称之为"攻击载体"。一旦攻击载体"调包"成功，被选中的基因就被删除，小鼠的遗传信息也因此而可能被改写。

替换细胞

基因存在于细胞，而且一个细胞里往往含有成千上万个基因。对于同一物种的同一个体来说，所有细胞共用一套基因，即每个细胞有着相同的基因组成。就小鼠而言，全身由数以亿计的

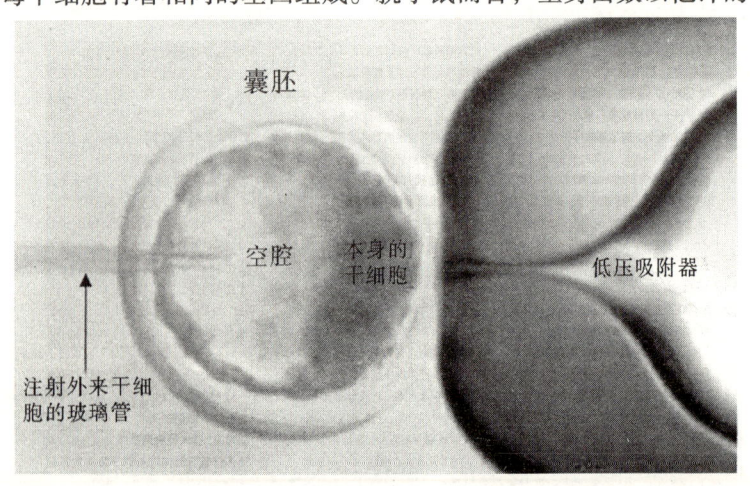

将删除过基因的胚胎干细胞打入到囊胚

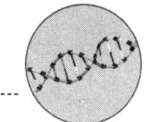

细胞组成，这就是说，要让成熟的小鼠表现出被删除的效应，就必须删除小鼠体内数以亿计细胞中的那个特定基因。这一步，科学家是怎么实现的呢？

·至为关键的，是胚胎干细胞技术。

胚胎干细胞具有很强的适应性，能够转变成各种各样的细胞类型，堪称"百变高手"，此外，它们还能几乎无限增生。于是，科学家们就设法先将干细胞中的特定基因予以删除，再让胚胎干细胞衍生出完整的小鼠，这样，小鼠身上所有细胞的那个特定基因就都会被删除。当用电击的方法把攻击载体打到胚胎干细胞里面之后，攻击载体就会像导弹一样在细胞内自动搜索待删除基因，进而把它"调包"，干细胞的这套基因就这样被改变了。发生了基因敲除的干细胞又如何能衍生出小鼠呢？

所有哺乳动物的小生命都是在妈妈的子宫里孕育的，每个生命都是从一个受精卵开始，经过胚胎发育的各个阶段，最后形成一个胎儿，呱呱坠地的。在胎儿成型之前，生命看起来仅仅是一个细胞团，这一过程中有一个极其重要的阶段，叫"囊胚期"。处于这个阶段的胚胎就像一个中空的泡，泡中包含了胚胎干细胞。囊胚很友好，它会大方地接受被删除了基因的干细胞，并与之和平相处、共同生长。科学家们巧妙地利用了这个时期：在孕鼠体外，他们把干细胞打进囊胚，然后再把接纳了外来干细胞的囊胚"种"回到孕鼠的子宫，并在那里发育成鼠宝宝。

生下来的鼠宝宝体内的细胞有两个来源：一个来自删除了特定基因的干细胞，另一个来自囊胚本身，这时的小鼠，其细胞是混杂的。如果足够幸运的话，被删除了特定基因的干细胞的"后裔"中有一部分将成为生殖细胞。这样的生殖细胞受精后形成的合子发育成的小鼠，再经过传代和选育等遗传学环节，其身上所有细胞中的那个特定基因就有可能全被删除。通过基因型鉴

定，科学家们可以挑选出被删除了基因的小鼠。

精确操作

不过，这种周身性的基因删除或改造存在很大的风险。那个被删除或改造的基因，也许在小鼠发育的初期就起着关键的作用，它很有可能关联着小鼠生命活动的方方面面，"篡改"它有可能导致小鼠的夭折。这样一来，这个基因在以后的生命过程中的作用就无从知晓了。比如说，有个基因，姑且称之为 A 基因，在心脏的发育过程中可能起重大作用，而小鼠心脏发育是从受孕后的第 7 天开始，并一直持续到出生，但这个基因在胚胎发育的第 4 天也有重要作用，缺了它将导致小鼠胚胎死亡。这样一来，我们就无法研究这个基因在心脏发育过程中的作用了。为了避免"一杆子打翻一船人"，而且也为了更全面地了解某个特定基因在生命过程中的作用，科学家们发明了更精巧的技术，即"限定性基因删除"技术。

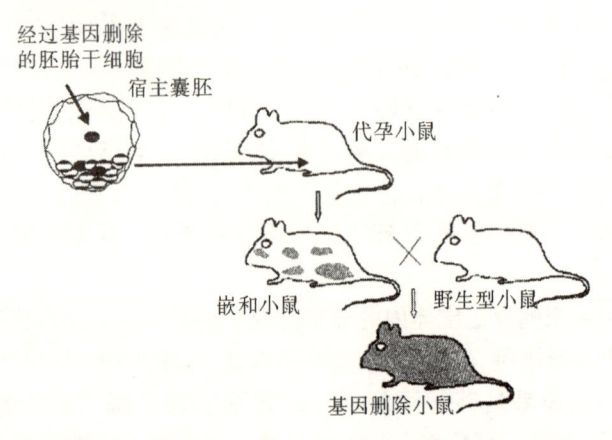

经过传代，可以得到某特定基因被彻底删除的纯种小鼠

"限定性基因删除"技术可以控制基因删除发生的时间和地点。还是以 A 基因为例，我们想要知道它在心脏发育过程中的作用，就想办法把心脏细胞中的 A 基因予以删除，而且只限定在心脏中，而不会累及身体的其他部分。怎么样才能做到这一点呢？简单说来，就是在待删除基因的位置安置一个"智能型开关"。"Cre – IoxP 系统"就是这样一种开关，其中"Cre"是一种寄生在细菌里面的病毒制造的蛋白质，"IoxP"则是一小段 DNA。Cre 在场时，被两段 IoxP 夹起来的 DNA 片段或基因就会被自动删除。这个"Cre"，实际上就是科学家所说的"同源重组酶"中的一种。在胚胎干细胞中，只要用两个 IoxP 把 A 基因夹起来，然后通过控制 Cre 发挥作用的时机，就可以实现在特定的时机、特定的器官中删除特定的基因。那么，怎样控制 Cre 发挥作用的时机呢？可以先把 Cre 进行改造，并且贴上"标签"，表明这里的基因被改造过，而这种标签可以被某种诱导药物所识别，进而将 Cre 复原，从而顺利接近 IoxP。巧妙的是，这种诱导药物能够用注射或者口服的方法进入到小鼠体内，被吸收到血液中，继而被运送到身体的各个部分，并让 Cre 发挥正常的作用。如果是怀孕的母鼠，诱导药物也可以被运送到胚胎里，因为胚胎就相当于母鼠肚子里的一块肉。这样，我们就可以选择合适的时间给小鼠注射或者口服诱导药物，从而达到在特定的时间删除某个基因的目的。

　　著名科学家罗纳得·艾文斯曾经说过："纵观生物学的发展，刚开始是爬，然后是走，现在则是快跑。"基因操纵技术的发明和发展，无疑是推动生物学发展的强大动力。而基因操纵技术这个工具本身，也在不断地发展改进中。相信在不久的将来，基因操纵技术的应用，将会帮助人类解开更多的生物医学之谜，人类对很多疾病的认识，将会更加深入，相应的，会有更多的药物和治疗方法被发明出来，许多病人的痛苦将会大大减轻。但愿，在那个时候，大家不要忘了为了人类的健康和幸福作出重大

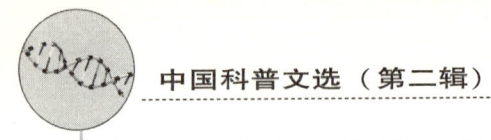

牺牲的、看起来卑微低贱的老鼠。

当然，能够操纵基因即意味着一定程度上能够操纵生命，一旦被用于非正义事业，则必将为人类带来灾难。此外，这项技术在人类伦理方面也引发了人们的不少担忧。因此，操纵基因，还需谨慎。

《自然与科技》2007（3，4）

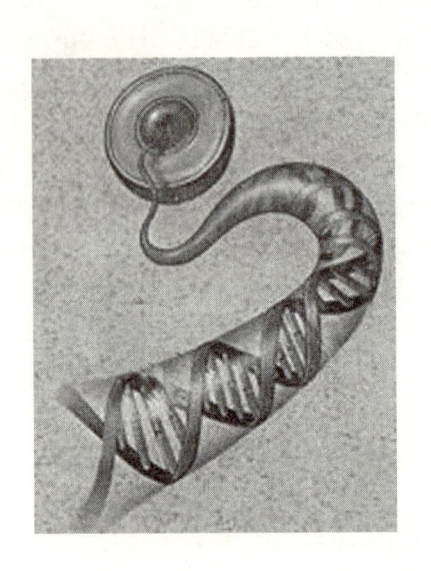

话说动物生物反应器

杨世诚

动物生物反应器的种类

动物生物反应器就是利用转基因活体动物，高效表达某种外源蛋白的器官或组织，进行工业化生产功能蛋白质的技术。动物生物反应器的研究开发重点是动物乳腺反应器和动物血液反应器，即把人体相关基因整合到动物胚胎里，使生出的转基因动物血液中，或长大后产生的奶汁中，含有人类所需要的不同蛋白质。这是当前生物技术的尖端和前沿研究项目。

自基因工程问世以来，人们一直在探索利用转基因动物生产有重要医疗价值的珍贵蛋白质。最初，被选中的生产体系是用大肠杆菌发酵生产。但是，由于大肠杆菌属于低等生物，不可能生产出结构复杂的蛋白质，所以，用大肠杆菌生产的人蛋白质存在着难以克服的缺点。

1992年，英国爱丁堡大学的一个研究小组发表报告，宣布他们已生产出6头转基因绵羊。这些绵羊可以在奶汁中生产出抗胰蛋白酶（一种治疗肺泡纤维化病变的多肽药物），最低产量1克/升，产量高的达35克/升。这篇研究报告立即在科学界和企业界引起轰动，许多正在进行相关领域研究的科学家纷纷把注意力转向这一领域。这一重大突破，预示着一个以动物乳腺为主要

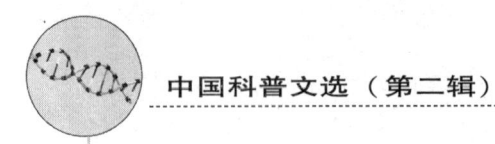

生产手段的巨大产业将要兴起，预示着许多具有精密发酵设备的高技术企业将被充满田园风光的养牛场和养羊场所取代。

目前，动物生物反应器的生长点主要在两个方面：一是动物乳腺反应器，把动物的乳房作为生产机器，使它就像复杂的发酵设备一样源源不断地生产出高价值的蛋白质；二是动物血液反应器，利用转基因动物的造血功能，生产人的血红蛋白，不仅可解决血液来源问题，而且避免了血液途径的疾病感染。已经有转基因猪表达出人的血红蛋白，虽然采血没有挤奶方便，但血液的巨大市场以及猪的迅速繁殖能力，使其显示出了诱人的前景。

乳腺反应器的特点

动物乳腺反应器也叫做乳房反应器系统，具有很多优点。第一，产量高。对于那些珍贵的医用蛋白质，1头牛或几十只羊的乳房中提取的蛋白质即可满足一个地区的需求，相当于一个生物制药厂。用动物乳房生产外源蛋白质，目前在初乳中已经达到70克/升，在常乳中达到35克/升。第二，质量好。以此生产的蛋白质最接近从人体组织中提取出的天然产品，生物活性最高。第三，纯化工艺简便。动物乳汁中的蛋白质种类较少，主要是酪蛋白、乳球蛋白、白蛋白和从血液中扩散而来的少量血清蛋白及免疫球蛋白。因此，提纯奶汁中的目标蛋白，工艺要求相对简单。第四，生产成本低。用乳腺生产同类产品不需要复杂设备，也不需要素质很高的操作人员。牛、羊吃的是草料，生产的是奶，奶汁中的珍贵蛋白是常规奶的高附加值产品，其生产成本之低没有其他系统可比拟。第五，风险小。即用乳腺生物反应器生产产品可以对市场做出灵活反应。由于牛、羊体内重组的外源基因是可以遗传的，因此，在市场对产品需求旺盛时可扩大畜群；市场缩小时又可减少畜群；需要等待市场时还可以用保存精液或胚胎的方法保种，使所受经济损失降低到最小限度。

乳房反应器系统是迄今为止最理想的生物反应器，主要用途包括以下几个方面：一是生产多肽类药物。例如，胰岛素、干扰素、促红细胞生成素等。据美国《生物工程》杂志报道，在美国待批的多肽类药物已达100多种，每年还会以40多种的速度增加，多肽类药物已形成了相当大的市场。二是生产基因工程疫苗。由于受基因工程载体的容量限制，目前所生产的基因工程疫苗都是以一小段病毒外壳蛋白或细菌膜蛋白作为抗原，其免疫性不如灭活的全病毒或细菌。如果使用乳腺生物反应器，就可以生产病毒的完整外壳蛋白，或细菌的免疫决定蛋白质，其效果与常规疫苗相同。由于用乳房反应器系统生产的疫苗产量高，其售价也会低于常规疫苗。三是生产抗体。目前市场上销售的抗体，因产量很小、成本高，只能用于诊断。如果能够大量生产抗体，许多疾病就可以得到很好的治疗。用抗体治疗疾病比用抗生素效果更佳，可以做到对症下药，不必担心造成体内微生物失衡或因大量使用抗生素而产生副作用。四是生产酶制剂。酶制剂分为两大类，一类是用量很大的工业用酶，如淀粉酶、糖化酶、蛋白酶、酒精脱氢酶等。工业用酶的特点是，需求量大且纯度要求不高，很适合使用乳牛生产。另一类是生命科学研究中使用的工具酶，每克售价均在百万元以上。用乳腺生物反应器生产，一头年产1000千克奶的乳用山羊，可以生产足够一个地区使用的某一种工具酶。五是生产营养品。首先，可以生产的一个产品是无乳糖奶。我国人群中不能或难以消化乳糖的人的比例较高，如果能把乳糖酶基因导入奶牛体内，就可以生产无乳糖牛奶，可解决一部分人不能饮用牛奶的问题。其次，在牛奶中增加人的转铁蛋白。研究证明，转铁蛋白有良好的营养保健功能，能够抑制大部分有害的肠胃细菌，对有益细菌如双歧杆菌起促进作用。第三，生产人－牛混合奶。人奶对人是最佳的营养品，分离出人奶蛋白基因并把它转移到奶牛中，牛奶中就会有30%～50%人奶的组分。

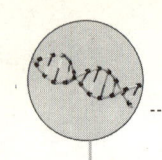

发展前景

从20世纪90年代开始,欧美科学家们在动物乳腺生物反应器研发初期,就将主要力量集中在其他体系不能生产的产品,特别是几种来源于人血中提取的产品。据美国红十字会和遗传学会预测:2005年以后,美国用动物乳腺反应器生产的药物,年销售额高达350亿美元;到2010年,动物乳腺反应器生产的药物将占所有基因工程药物的95%,具有巨大的市场价值。

我国深圳绿鹏农科产业股份有限公司用动物乳腺生产畜禽疫苗的研究已经获得成功。法氏囊病是对养鸡业损害极大的一种传染病,以我国每年存栏、出栏100亿只鸡计算,如果有20%的鸡使用动物乳腺生产的疫苗,其年产值为6 000万元,而成本仅为1 200万元。据悉,深圳绿鹏公司和中国农业大学利用动物乳腺生物反应器技术,生产出的转基因胚胎数已达24 000个,而且在我国首次培育出高水平生产目标的绵羊,成为继美国和英国之后世界上第3个建成动物乳腺生物反应器的国家,取得如下重要的技术进展:第一,研究成功以显微注射和试管动物技术为核心的第二代转基因技术,水平与英、美等发达国家相近,可大量生产转基因动物;第二,研究成功了以克隆为基础的转基因技术,与世界上最先进的技术同步;第三,具备在乳腺中表达外源基因的技术,具有工业开发价值,生产高效表达外源基因动物的概率和时间与国外最先进的技术相当,注射移植100个受精卵可获得一头转基因动物。

《百科知识》2005(5)(上)

干细胞带给我们充满生机的未来

杨 秀

当今最受关注的科学研究是什么？美国《时代》周刊在采访了世界各国的一些著名科学家后发现，干细胞研究已经和全球气候变暖、进化理论一起，成为最受人们关注的三大科学领域。

当我们只有十来岁的时候，或许很少受到疾病的困扰。然而，三四十年过后，当我们进入中老年时，疾病就开始困扰我们。对于现在的青少年来说，三四十年后他们会比现代的中老年人幸福，因为新的生物技术将让他们远离不少疾病的困扰，干细胞技术就是其中之一。

在21世纪之初，干细胞技术就曾连续两年被美国《科学》杂志评为十大科学进展之一，并被推举为21世纪最重要的十项研究领域之首，位居"人类基因组"这一浩大工程之前。干细胞究竟有何魅力，使得科学界和各国政府给予其如此大的关注和投入？干细胞将来会给疾病的治疗带来什么希望呢？

干细胞被称为"万能细胞"和"神奇的种子"，理论上，它

们可以分化成身体中各种类型的细胞，具有治疗疾病、使器官再生，甚至延年益寿的潜力。因为这种特殊能力，科学家希望利用干细胞治疗癌症、糖尿病、心脏病、帕金森病等疑难杂症。未来，干细胞还将用于治疗骨折、大脑损伤、类风湿性关节炎、瘫痪、牙病、整形手术、视力障碍等各种病痛。它们终将彻底改变我们的医学和生活方式。

癌症

癌症可以说是人类健康的最大杀手。癌症的类型很多，而且大多数缺乏有效的治疗手段。以白血病为例，它是一种恶性肿瘤，俗称"血癌"。其主要特征是骨髓中的白细胞大量积聚，使正常的造血功能受到抑制。血癌一般是通过移植他人的骨髓来治疗，但是排异反应一直得不到有效的解决。因此，一旦发病，很难找到合适的捐献者。而采用干细胞疗法，我们可以从自己的身体里提取干细胞，大量培养后再输回来，从而消灭已经癌变的白细胞，用健康细胞替换它们。

糖尿病

糖尿病是一种常见的内分泌疾病。随着社会经济的发展和生活方式的改变，糖尿病已经成为一种肆虐全球的慢性疾病。糖尿病有1型和2型两种。我国糖尿病患者95%以上患的是2型糖尿病。糖尿病可引起多个系统损伤，易产生多种并发症，如感染、高血压、肾病、眼病等。目前，糖尿病是一种终身疾病，还不能根治。但是，未来有可能通过干细胞修复受损的免疫细胞，重新产生胰岛素，从而让千千万万患者获得真正的解脱。

心脏病

心脏病是一系列心脏疾病的统称，主要有冠心病、风湿性心脏病、先天性心脏病、心肌梗死、心绞痛、心律失常等。其主要表现为血管或心肌发生炎症、栓塞、痉挛或受损，但是，真正的病因还不清楚。干细胞疗法可用于心脏病发作后的治疗和康复。在心脏病发作后，给患者注入干细胞，有助于抑制受损程度，生

成新的心脏肌肉，增强心脏搏动能力。此外，干细胞还可以生成新的血管，改善受损区域血液和氧气输送通道。

牙病

牙病虽然发生在局部，但可以影响到全身健康，特别是对我们的生活质量产生很大的影响。牙痛、牙龈出血、牙髓炎、牙周炎等疾病发展下去，最终的结果不外乎拔牙和补牙，这其中的痛苦每个经历过的人都不会忘记。用干细胞治疗牙病可免除牙病患者的痛苦，从牙髓中提取干细胞，注射到拔牙位置后能强化骨质，支持周围健康牙齿。未来，还有可能实现"造牙"的愿望，让我们每一个人都拥有一口健康、亮白的牙齿。

整形手术

整形手术是通过手术的方式，修复身体的某一部分的畸形或缺损，达到功能的恢复或改进，例如唇裂（兔唇）、腭裂、皮肤缺损等。整形手术大都需要使用组织移植的方法来进行，如皮肤、黏膜、骨骼、软骨、脂肪、肌肉、血管、神经等。有时还要用其他材料，如塑料、有机玻璃、硅胶等。由于干细胞，这个领域有了急剧变化的潜力，例如，将干细胞注射到特殊的支架上，可以帮助填满脸部出现的缺陷，这种疗法可用于美容。利用从臀部周围骨骼提取的干细胞，可弥合腭裂患者的骨骼缺陷。

胚胎干细胞具有向各种系统细胞分化转变的能力，是一种高度未分化的全能干细胞，它具有发育的全能性，能分化成人体的所有组织和器官

以上举的例子仅仅是干细胞疗法最引人注意和令人感兴趣的

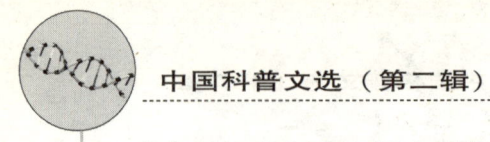

一些方面。对于大量原因未明的疾病来说，干细胞提供了一种新的解决途径，即通过修复或替代原来的细胞、组织或器官来进行治疗，这是当今药物和普通手术无法做到的。干细胞技术为生命科学注入了新的生机。干细胞和克隆技术、基因组研究日趋结合，会促进各领域的发展，最终将为人类带来更大的幸福。

如何培养干细胞

与一般的细胞相比，干细胞有两个突出的特点：一是能够自我更新，即能够长期进行自我复制；二是具有分化能力，即能够分化成多种细胞，也就是说，这些细胞就像大树的枝干，在它们上面可以长出新芽来，所以这些作为"生命枝干"的细胞被称为"干细胞"。根据来源不同，干细胞可分为胚胎干细胞和成体干细胞。这两种干细胞的分化能力也不同。其中，胚胎干细胞是一种多能干细胞，可以发展成多种类型的细胞。由于干细胞具有极强的可塑性，它为人类治疗各种疾病带来了无限的希望。下面，我们就来看看干细胞是怎样产生和分化的。

干细胞的来源

试管受精过程中遗弃的或死亡的胚胎
为什么有用？
美国有超过40万个在试管婴儿培育过程中产生的胚胎。其中，许多胚胎被遗弃。这些胚胎中的胚胎干细胞可以被提取出来。
缺点是什么？
冷冻过程可能会使干细胞的提取变得更加困难。而且，有些胚胎是由不孕不育的夫妇提供的，它们的活力较低，可能很难产生高质量的干细胞。

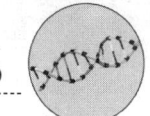

成体干细胞

为什么有用？

它们存在于主要的器官或组织内，包括血液、皮肤和大脑。它们可以被诱导发育成特殊的细胞系，而不需要从胚胎中提取。

缺点是什么？

只能产生数量非常有限的几类细胞，而且比较难培养。

进行细胞核移植的胚胎

为什么有用？

这些胚胎是通过克隆技术产生的，就像克隆羊"多莉"一样。这种方式可以"定制"干细胞，例如，可以把患者的皮肤细胞注入一个卵细胞中。这样，在治疗疾病时就不会产生排异反应了。

缺点是什么？

这一技术需要大量的卵细胞，在人类细胞中实验还没有完全成功。目前，卵细胞的供应非常短缺，克隆的成功率也不高。

脐带血干细胞

为什么有用？

尽管它们主要是由造血干细胞组成，但也含有其他的干细胞，可以分化成骨头、软骨、心肌、脑和肝脏组织等。同成体干细胞一样，它们也不用从胚胎中提取。

缺点是什么？

脐带不太长，其中的细胞数量很少，可用于治疗的就更少了。

《科学画报》2006（11）

科学幻想即将变成现实

杨 秀

在一些科幻小说家描绘的未来美好蓝图中,干细胞似乎无所不能,前途无量。未来人们可以利用干细胞培养人工组织和器官,利用干细胞治疗疑难顽症。例如,干细胞因为具有神奇的再生能力,有可能使烧伤患者一天之内换上新的皮肤,使瘫痪患者恢复肢体功能,或者使脑部重创者长出新的脑细胞。干细胞还可能治愈世界上许多不治之症,如糖尿病、心脏病、阿尔茨海默病(即老年性痴呆症)、帕金森病等等。现在,不少科学幻想即将变成现实。

打造运动超人

一位著名的运动员在某次小型比赛中受到了足以断送运动生涯的损伤,可他已经报名参加不久以后的一场大型运动会。就在对手暗自得意的时候,他却神采奕奕地出现在赛场上。这就是干细胞的神奇作用,它在将来可以打造能尽快恢复损伤的"运动超人"。

美国研究人员利用一种膝盖润滑液与从脐带血中提取的一些干细胞的混合液,帮助山羊膝盖中的软骨再生。目前,研究人员希望利用干细胞治疗人体受损的膝盖软骨。英国超级足球联赛的一些球星正在将他们新生儿的干细胞储存起来,以便将来治疗他

们体育生涯中出现的伤病。这种干细胞取自新生儿的脐带血,可用来治疗软骨造成的伤病。现在,英国超级足球联赛的5名球员已经将他们新生儿的干细胞储存在了利物浦的"国际细胞银行"。

取自新生儿脐带中的干细胞,可用来治疗软骨和韧带损伤

如果运动员的肌腱或韧带受损,轻的会使其暂停比赛,严重的可能会终止其运动生涯。耶路撒冷希伯来大学研究人员用成人干细胞产生新的肌腱或韧带组织,可用来修复受损的肌腱或韧带。研究人员从人体骨髓和脂肪组织中提取干细胞,并将这些干

细胞移植到实验鼠撕裂的肌腱里。结果发现，这些细胞不仅在移植过程中存活，而且被"召唤"到受伤的部位，帮助修复受伤的肌腱组织。

让盲人获得光明

美国盲人作家海伦·凯勒写过一本名著《假如给我三天光明》，这本书讲述了盲人对光明的渴望。或许再过20年，不少盲人就可能在干细胞技术的帮助下获得光明，而且不是"三天的光明"，而是长期的光明。

美国先进细胞技术公司的罗伯特·兰扎等人，已成功应用人类胚胎干细胞恢复了实验盲鼠的视力，将应用干细胞的再生医疗研究向前推进了一步。研究人员发现，如果实验盲鼠在出生21天后植入视网膜色素上皮细胞，它们在40天至70天内就可以逐步恢复视力。视力检测表明，这些实验鼠在接受治疗70天以后，视力可以达到正常实验鼠的70%，而对照组的实验盲鼠的视力没有恢复。此外，人类细胞移植到实验鼠体内后也没有表现出任何不良反应。视网膜色素上皮细胞主要作用是为眼睛的感光细胞提供保护，对视力至关重要。一旦视网膜色素上皮细胞发生缺陷，感光细胞也不能正常代谢，视力就会很快衰退甚至失明。目前，临床医疗中用于移植的视网膜色素上皮细胞主要来自捐献者，其数量难以满足患者的需求，也难以对移植细胞进行广泛的安全性、有效性测试。如果用胚胎干细胞来诱导分化移植用的视网膜色素上皮细胞，移植细胞的数量和质量就可以得到保证。

人的眼角膜共分5层，最外面那层厚约50微米的非角化鳞状上皮叫做角膜上皮。角膜上皮因疾病或外伤受到损伤往往会导致失明，虽然可以通过移植手术治疗，但可供移植的角膜一直供不应求。日本大阪大学研究人员西田幸二从患者的口腔黏膜细胞中提取干细胞，经过培养后治疗眼睛角膜上皮损伤，获得成功。

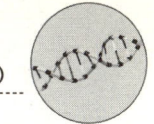

研究人员先在患者口腔中切一个小口提取黏膜,然后从中分离出干细胞。经过两个星期的培养,干细胞转化成了薄膜,其透明度等与角膜上皮十分相似。研究人员将这种薄膜植入患者眼部。手术一年后,患者视力恢复情况良好,其中一位患者的视力达到了0.7。

让瘫痪者动起来

让瘫痪者动起来是人类的健康梦想之一。现在,美国科学家为实现这个梦想迈出了重要的一步。最近,美国克尔博士利用干细胞疗法恢复了瘫痪鼠跑动的能力。在这项实验中,科学家们首次成功地利用干细胞恢复了瘫痪动物的肌肉运动功能。科学家把从脊髓中提取的干细胞注射到一批瘫痪老鼠身上,这些干细胞在脊髓内定向成长为运动神经元,取代已经死亡的神经元,并在脊髓与腿部肌肉之间形成连接神经。经过6个月治疗,15只瘫痪的老鼠中有11只获得部分康复,它们的肢体重新获得力量,可以四处跑动了。专家们研究发现,植入老鼠体内的干细胞会大量产生两种蛋白质,其中一种蛋白质能提高鼠神经细胞的生存能力,另一种可加强不同神经细胞间的联系。正是这两种蛋白质促进了瘫痪老鼠的康复。科学家们从这项研究得到的一个重要认识是,要想生成新的肌肉细胞,单凭注射干细胞是不够的,只有配合使用一定的化学药剂,才可能促使干细胞转化成肌肉细胞。因此,这个治疗方法又称为"干细胞鸡尾酒疗法"。

这个研究还证明了神经系统受损后可重新连接这个原理。克尔博士表示,治疗人类脊椎骨髓损伤和瘫痪不是一件简单的事情,还须等待多年才能成功,但是预计不会超过20年。

让我们变得更聪明

随着现代医学的发展，干细胞移植技术已经运用到人体最重要、最复杂的器官——大脑。即使是大脑中的中枢神经死亡造成的智力功能障碍，也可以通过干细胞移植技术进行治疗。科学家甚至预测，通过干细胞治疗还可以提高普通人的智力。

2006年5月17日，海军总医院的医生为一位婴儿做了神经干细胞移植手术，这种治疗小儿脑瘫的方法在全世界尚属首例。医生先从流产胎儿大脑中取出脑组织，然后进行细胞培养和扩增。手术时医生用立体定向的方法在患儿头上穿刺，然后在B超的引导下，用探针将健康的神经干细胞"种"进患儿受损的大脑。经过治疗，这名脑瘫患儿的智力发育追上了同龄的孩子。据统计，我国每年新增小儿脑瘫患者40万人，其主要原因是由于新生儿出生时窒息所引起的大脑缺血缺氧。而海军总医院的研究人员开发的神经干细胞移植手术，可以治疗3岁以下、出生时缺血缺氧所导致的脑瘫患儿。

《科学画报》2006（11）

转基因食品：是福还是祸

南 丰

2002年8月17日，赞比亚政府发言人宣布：尽管赞比亚目前严重缺粮，但是考虑到转基因粮食可能对人体健康造成的负面影响，赞比亚政府决定不接受美国无偿提供的5.1万吨转基因玉米。一个因灾害而粮食奇缺的国家何以拒绝他国的无偿援助，且不准运输玉米的船只靠岸，据说这是政府接受了专家建议的结果。原来，该国曾就转基因玉米问题进行过"全国性"的辩论，专家们提出：由于尚难就转基因粮食对人体健康和对本国的粮食种子会否产生长期不利影响做出定论，建议政府不接收这些玉米。

除赞比亚外，津巴布韦等一些非洲国家也不要转基因玉米而希望得到传统食品。美国的态度则是："我们没有转基因玉米的替代品，这些就是我们给的。"为此，双方闹得不欢而散。

什么是转基因食品

所谓转基因，就是利用生物技术，人为地将某一种或多种生物中的遗传基因，通过电击等特殊手段转移到其他物种中去，用以改造后者的遗传物质，使其在性状、营养品质、消费品种等方面向人类所需要的目标转变。譬如，将鱼或病毒的基因转移嫁接到西红柿的基因上，可使新品种西红柿表皮增厚，能抗冻或推迟

成熟；将某些病毒或牵牛花的基因转移嫁接到大豆的基因中，可帮助大豆抗除莠剂或增加含油量；若把抗虫基因转移到玉米、大豆中，害虫就不敢吃玉米、大豆了；而将菠菜的基因植入猪的体内，"把肉和蔬菜在活着的家畜身上，而不是在盘子中结合起来"，吃肉就等于吃了荤素皆有的食品了，等等。此外还有"可食疫苗"，如抗乙肝的莴苣，抗麻疹的香蕉，抗霍乱的土豆。我国也已培育出一种能抗乙肝的西红柿——人每周只要生吃1~2只西红柿，每年吃它两三个月，就不必再去医院注射预防乙型肝炎的疫苗了。2007年1月14日英国《泰晤士报》报道：英国科学家培育出了一种转基因鸡，能下"抗癌蛋"。上述诸如此类的食品或以上述食品为原料加工生产的食品，就是转基因食品。

英国科学家培育出了一种转基因鸡，能下"抗癌蛋"

转基因食品又称基因食品、基因改造食品或基因改良食品。世界上第一例转基因作物是1983年在美国培植成功的。1993年，耐储存的转基因西红柿最先获准在美国上市。现在，世界上种植转基因植物的国家逐年增多，种植面积以两位数的数字增长。西班牙媒体在2004年的报道中说：1996年全球有6个国家种植，1998年为9个国家，2001年为13个国家，2003年为18个国家。

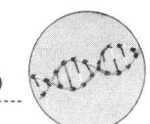

《经济导报》在2003年的消息中提到：我国转基因作物种植面积已突破210万公顷，也已位列世界转基因作物的种植大国。美国是世界上最大的种植转基因作物的国家，该国的大豆产量有超过55%是转基因产品，玉米亦达总量的40%。

各国谨慎对待转基因食品

一些国家宁可让百姓挨饿，也不接受转基因食品，或不准进口转基因食品（如安哥拉，2004年），并非心血来潮之举。事实上，许多国家对这种食品是相当谨慎的。

欧洲人基本上采取禁止培育和销售转基因食品的态度，舆论也基本上是抵制的。法国议会就明确禁止转基因食品上市；法国农民组织经常拿转基因试验田、试验室开刀，对它们进行打、砸、毁，他们曾把转基因水果、蔬菜甚至是牛粪倾倒在一些快餐店门前，抗议快餐店出售含有转基因的食品，迫使这些快餐店停止出售此类食物；在奥地利，鉴于多数公民对转基因食品投了反对票，政府就决定禁止进口转基因食品。英国据说至今只有16%的人表示可接受转基因食品；英国王储查尔斯公开撰文声称："人类企图涉足某种神圣的领域，而我绝不打算让家人和朋友食用转基因食品。"英国首相布莱尔一度认为转基因食品是安全的，后来又说："可能有损于人体健康和环境。"然而，美国拿出世贸组织的有关条款，要求英国与欧盟进口转基因食品。2003年11月16日，英国反对转基因食品者在议会广场前举行裸体游行，抗议美国的做法。但在美国等的压力下，欧盟于2003年10月通过了转基因食品新条例，从法律上允许符合条件的转基因食品在市场上销售。12月8日举行的关于是否批准转基因玉米的表决，结果是6票赞成，6票反对，3票弃权，平局使这一议案日后再议，可最终还是批准了。一位欧洲记者在2005年说道：欧盟委员会"正利用民主进程中的一个漏洞，让

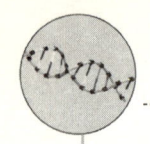

这些转基因食品逐一得到批准。"

反对转基因食品的理由

回顾历史,还没有哪种新问世的食物像转基因食物那般为全球人民所关注。

1998年11月,世界最大的基因工程公司——美国孟山都公司在印度的两块实验地被当地农民焚烧,原因是该公司在农作物中采取了"雄性不育"技术。农民怀疑人接触后也会患上"不育症"。这一闹,美国两大婴儿食品公司宣布将不再采用转基因食品做原料。

人类让老鼠的身上长出了人的耳朵,如果反其道而行之呢?

也是在1998年,英国科学家普斯陶伊声称:他在研究中发现,食用了转基因土豆10天后的老鼠,肾、肝与免疫系统受到了损害,从而认为转基因食品也会引起人体内脏损害和肿瘤等疾病。这位科学家很快就被迫"退休"了。一位记者在事隔数年后回忆当年采访普斯陶伊的感想时说道:"他的观点值得一听。"

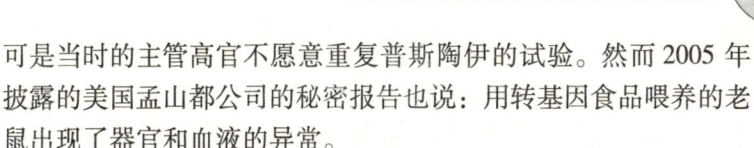

可是当时的主管高官不愿意重复普斯陶伊的试验。然而2005年披露的美国孟山都公司的秘密报告也说：用转基因食品喂养的老鼠出现了器官和血液的异常。

还有科学家认为，转基因食品会带来更多的过敏问题。他们说，假如吃玉米过敏的人，也会对将玉米基因植入小麦、核桃、贝类的转基因小麦、转基因核桃、转基因贝类产生过敏，这就使过敏范围扩大了。

更有一些科学家担心，转基因食品会在人体内将抗药基因传给致病细菌，使细菌产生抗药性，如此，人一旦生病就无药可救，等等。

国外一本名为《食在未来》的图书写道："放入农作物的基因产生的化学物质可以赶走或消灭害虫，同时也可能杀死益虫，遗传工程学家认为这些危险可以通过监控被克服，但却无法保证将来不出差错。"

由于可利用基因改造的牛产出"人奶"，更有传说有人已在"无意"中创造了世界上第一批"转基因婴儿"，因而转基因又涉及道德伦理问题。人们在问：今天的人类是否应该为追求进步而放弃一些准则？

此外还有生态污染。有些学者担心：转基因作物还可能造成生态污染，使繁殖失去控制，发生变异或过早死亡，给生物链带来深重的影响。

虽说反对转基因食品的理由五花八门，但归根结底是"安全"两字。

支持者大有人在

认为转基因食品是"福"的也大有人在，他们说，发展转基因作物可以提高粮食、蔬菜、水果、畜产品的产量，有利于解决人口增长所带来的"吃"的压力。而且，转基因作物能抗病

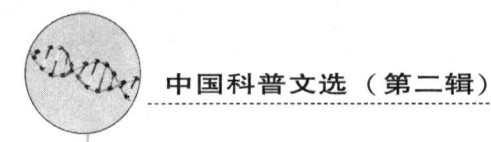

虫害，可提高食品的营养价值；转基因食品在生产过程中不用或减少了化学农药的使用，故对保护环境有利。

中国转基因食品研究的一位学科带头人在2005年发表的文章中这样欢呼："转基因食品的出现无疑像一道划破天际的曙光，给我们带来无限的希望。"我国不少专家、学者也表态说：人们已无法回避转基因食品。那安全性怎么办？中国科学院的一位搞转基因水稻的院士在2007年说道："评价转基因食品的安全性，应是它与非转基因的同类食品比较的相对安全性；注重'个案分析'，不一概而论。"但这位院士与我国权威部门的说法是一致的：我国已批准商品化生产的转基因食品都是安全的。有位专家更举例说明："同样是青菜，一边是受农药污染较多的，另一边是转基因的，让我选择的话，我会毫不犹豫选择转基因的。"这位专家偏偏拿受污染的青菜来比较，而不与"绿色青菜"比较，不知是何道理。

为了说服百姓，有些人就拿国外的实例来证明，说美国已有10年以上食用转基因食品的历史，但人们没有出现不良反应，可见它是安全的。不过，一位在美国居住过一段岁月的国人于2005年撰文说：根据他在美国就转基因食品对消费者、种植者及专家们的采访所得，美国人在转基因食品面前"多半稀里糊涂地吃"；"种植者并非自食其'果'"；"灵能人士（知情者）无可奈何地吃"；"学者可望严格管制地吃"——从这些文中的小标题就可略知一二了。当然我们也不要忘记，迄今仍有27%的美国人反对转基因食品。

加拿大也是转基因食品生产大国，加拿大人毫无疑义地也会吃它。但据2005年媒体报道："加拿大最近进行的调查表明，92%的国民仍对转基因食品可能存在的危害表示担忧。"

我们会吃转基因米吗

2004年12月1日,中国农业部的一个会议静悄悄地结束。会上组成的"国家农业转基因安全委员会"的50余位科学家和农业部的官员,就转基因水稻的商业化种植进行了讨论。有消息称,"赞成派"占了上风。如果获得批准,中国这个世界上最大的大米生产和消费国将成为全球第一个商业种植转基因水稻的国家。

我们会吃转基因米吗?

然而就在那一天,世界主要的环保组织之一"绿色和平"在北京针锋相对地公布了一份由英国科学家完成的报告,名为《中国转基因水稻对健康和环境的风险》。据《南方周末》报道:"绿色和平"的成员向那些搞转基因的科学家发问:"你们说转基因食品是安全的,那么,在你们的实验中,让老鼠吃3个月(转基因米)无害,能说明让人吃50年也无害吗?"报道说,小麦是美国人和加拿大人的主粮。孟山都公司曾向美国政府和加拿

大政府申请转基因小麦的商业化种植，但由于农民协会等团体及大众的强烈反对，该公司知道难以得到批准，于是主动撤回了申请。（又：墨西哥人的主粮是玉米，该国至今也没批准转基因玉米的种植）报道说，"绿色和平"在调查中还发现了研究转基因（水稻）的科学家以及支持者一些错综复杂的不正常利益关系，直指一些人赞成生产转基因水稻是出于私利。

"绿色和平"在2005年4月13日声称：他们曾4次深入湖北实地调查，将采得的25份样本送往德国检测，显示有19个样本（后来经再次检测，公布为18个样本）为转基因水稻，而且这些转基因水稻已经流入市场。这就是说，如果情况属实，转基因水稻的商业化种植已经先斩后奏（申请）了。对此，农业部迅速回应，说该报告的科学性和真实性还有待证实。被点名的科学家则说："绿色和平"的指责"纯属捏造事实"。有意思的是，此事未见下文，农业部似乎没有公布"有待证实"的结果；科学家也没有追究"捏造事实"者的责任，一切不了了之。

婴儿米粉惊现转基因稻米成分

种种迹象促使我们猜想：若干年后，市场上是可能会销售转基因大米的。如果再遐想一下，说不定今天晚餐食用的就是未被

识破的转基因大米。

一把双刃剑

看来,无论是在外国还是在中国,无论是普通老百姓还是学术界的权威,对转基因食品都有截然相反的两种观点。然而,是祸是福一般到50年后才能见分晓,现在作结论还为时过早。

不过,人们指出,科学进步往往是把双刃剑:昔日的"革命性材料"如石棉、动物骨粉、滴滴涕等,今日不都成了"过街老鼠"吗?那么,连害虫都不敢下口的转基因作物一旦成为人类的食物,人体是不是会把那些抗虫基因也消化了呢?愈来愈耐储藏的转基因西红柿,是否会引起人体的变异呢,转基因作物对其他动植物是不是像某些组织所说的将是一场"浩劫"呢?所有这些安全问题,至今仍是未知数。

我国《健康报》发表过一篇《转基因生物的七个说不清》文章。实际上也表明了对转基因食品的忧虑。这七个说不清是:食品安全说不清;生物富集说不清;药食关系说不清;生态影响说不清;基因污染说不清;全球监管说不清;机遇泡沫说不清。

可是,在"说不清"的情况下我们仍在大规模地种植转基因作物,仍在大量地进口和销售转基因食品,这显然不是权宜之计而是既定方针了。

美国《纽约时报》在2006年2月14日发表的一篇文章中对转基因作物进行了反思。文章说:"在刚刚引入转基因作物的时候,科学家曾经畅想各种食品会变得更健康、更美味:能抗癌的番茄、不会腐烂的水果、能做出更健康的炸薯条的马铃薯,甚至能避免肚胀副作用的豆子。"但到目前为止,"人们对转基因食品的抵制,技术上的困难、法律和商业障碍,除基因工程之外培育更好作物的能力,这些都削弱了人们对转基因作物培育的热情。"文章谈到:"杜邦公司早在1997年就为一种高油酸含量的

大豆申请了生产许可，但这种作物并没有成为有利于消费者健康的转基因食品的典型，现在只用来生产工业润滑剂。""墨西哥国际玉米和小麦改良中心的科学家已经利用传统育种培育出了富含赖氨酸的玉米，与孟山都的（转基因）新产品类似。"然而孟山都的玉米新品批准"只能作为猪和家禽的饲料"。此前，英国《独立报》的文章说："一种对超强杀伤力除草剂具有耐药性的转基因油菜会进一步危害农村，对野花、蝴蝶、蜜蜂以及鸣禽带来严重危害。"文章认为，在可预见的未来，我们会吃转基因米吗？

食品产业将走向末日——这些，不知能不能给我们起点参考作用。

老百姓无可奈何

我国有人放话，消费者如果对转基因食品不放心，你可以不买，选择权在你的手里。此说有强词夺理之嫌。请想想，尽管老百姓有消费的选择权，可是如果有关管理部门无所作为地不给一个明确说法，消费者又如何选择？

2002年3月20日，我国《农业转基因生物标识管理办法》正式实施。该办法规定，转基因食品必须贴上标识才能销售。而要求"亮明身份"的目的据说是为了保护消费者的知情权和选择权。17种产品被列入标识目录，可有关人员告诉我们，转基因食品其实早就走进我们的厨房，登上我们的餐桌了。例如2000年9月6日的《中华工商时报》就报道了转基因食品登上北京大型超市的消息。

消费者总是受害者。多少年来，米、面、油、肉、鱼、蛋、蔬菜、水果等等的食品有没有被污染及含毒多少，消费者往往弄不清；转基因食品吃进了肚了，消费者却不知道，更谈不上有"知情权和选择权"了。现在管理部门要求隐身食品亮明身份，

那自然是好事，但我们仍然乐观不起来。试想，从国外进口以及国内生产的转基因食品至少已有几十种，用这些（大豆、西红柿、核桃……）为原料衍生出来的产品真是数不胜数，老百姓又如何知情？2007年1月，江苏省的一位政协委员针对西红柿里已有鱼基因而在政协会议上指出："从生物安全性的角度看，这样的现象十分可怕。"然而，销售者根本不会标识，消费者也根本不会知晓。再说，管理部门往日听任转基因食品隐身不报，今天允许转基因食品大量地生产，说穿了，不就是要让大众消费吗，难怪有人要说："如果市场上只给我们转基因食品的时候，我们的选择权也就有名无实了"。

事实也的确如此。据2006年的媒体报道：受国家环保总局委托，南京环境科学研究所的专家从2003年起，对17个省的部分城市进行了调查，发现这些城市销售的食用油，三分之二是由转基因大豆制成的。而像南京等大型城市，其市场份额还要高（有报道称达80%）。专家指出："尽管目前没有确切证据证明转基因大豆油对人体健康有（不良）影响，但不排除需要更长时间才暴露，或现有技术无法发现的可能。"调查中专家们注意到：进口的转基因大豆在运输中因密封不严或加工时管理不善已流失到农民手里。他们在河北、河南都发现了农民种植的转基因大豆。专家担忧，认为这"将对我国野生大豆生物遗传资源造成污染"。

《瞭望东方周刊》于2004年第17期报道："中国政府于今年2月"给美国5种产品（大豆、玉米、棉花等）开了绿灯。农业部官员声称："测试结果表明，（5种产品）转基因污染几乎等于零。"且不说"几乎等于零"中的潜台词是什么，问题是我国早就进口美国大豆、玉米等转基因食品了，何以到2004年才"发放安全证书"、批准进口呢？再回顾一下，2003年7月的《北京青年报》消息：北京农业局"共抽查14家企业的22个品牌（食用油），均为转基因产品"，而"这22个产品都没贴上转

基因生物标志"。消息中列举的品牌有金龙鱼牌、福临门牌、鲁花牌、红灯牌、火鸟牌、绿宝牌、金象牌、海兰花牌、汇福牌、元宝牌。事隔三四年，现在这些品牌的食用油应该全都明确标识了。可标识管理办法2002年3月已出台，为什么这些企业在此后1年多的时间里全都敢于不遵守管理办法，而管理部门又不及时查处呢？让人不可思议。"绿色和平"发布的《避免转基因食品指南2005》，对"百威"、"雀巢"、"统一"等诸多品牌因为"没有承诺不使用转基因原料或没有回应查询"而被亮了"红灯"，在先前的"指南"中，说国内承诺不使用转基因原料的有50家公司、78个品牌，其中包括达能、亭氏、德芙、蒙牛等。按理，这些工作由管理部门做才更全面、更权威。

我国一位重要专家曾经表示，我们将无法回避转基因食品，因为转基因是解决未来食品需要的重要技术，它是不可逆转的。

问题就是这样，转基因食品不贴标识，或销售的都是转基因食品，那消费者的选择权就只能等于零了。

《自然与科技》2007（5，6）

让病毒"改邪归正"

王达唯

病毒就像富有经验的强盗，它们寻找人类细胞最薄弱的地方开始进攻，几秒钟内，它们就可突破细胞膜，占据细胞核，将自身携带的遗传物质敏捷地插入被攻击细胞的 DNA 中，一旦细胞进行复制，病毒也会得到复制。很快，在一个细胞内迅速繁殖的病毒会溢出，并"劫持"周围的细胞，把它们都变成巨大的病毒加工厂，而这些被病毒攻击的细胞无法再合成自身所必需的蛋白质，一个接一个走向死亡。

但是，研究肿瘤的科学家们却竭尽所能来武装这些"强盗"，让它们听从自己的指令去攻击特定的靶细胞，同时给它们配备了"钥匙"（其实是经过特殊设计的蛋白质），以便更快速地进入靶细胞。对这些科学家来说，这些病毒都是好样的，因为它们要攻击的是正在迅速生长的癌细胞。

以毒攻毒的想法由来已久

现在，运用分子生物学技术，科学家们可以熟练地控制细菌、病毒等微生物，将致命的病原体转变成治疗癌症的有力武器。毕竟，在躲避人体自身免疫系统的攻击和突破细胞膜方面，没有什么能和病毒相比；也没有什么能像细菌那样释放致命的毒素，从内部杀死细胞。

其实，利用致病微生物为人类的健康服务并不是新鲜的想法，在治疗过敏性疾病和传染病方面很早就有成功的实践。其原理很简单：让人体接触微量的经过减毒处理的细菌或病毒，从而激活人体的免疫系统。但是，研究癌症的科学家们对这一方法提出了更高的要求，他们要把致病微生物变成"特洛伊木马"，偷偷潜入肿瘤细胞，从内部将其摧毁。

用致病微生物治疗癌症的想法起源于20世纪60年代，也就是在基因革命的早期。那时，科学家们试图通过改变细菌和病毒的基因序列使其起到治疗作用。在一些试验中，接受病毒治疗的肿瘤患者似乎有所好转，肿瘤真的缩小了。然而，在更多的试验中，科学家们失去了对微生物的控制，由于当时的技术不可能使致病微生物的攻击具有特异性，它们在抗癌方面卓有成效的同时，人们也付出了沉重的代价，简单地说，肿瘤治好了，可是病人也死于病毒、细菌感染。

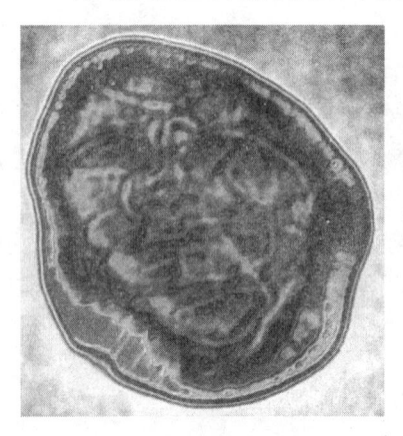

为致病微生物正名

通过适当的改造，一些可以引起致命疾病的微生物，如麻疹病毒，能够攻击肿瘤细胞，同时不危害正常细胞

微生物疗法，攻克癌症的新希望

几十年过去了，现在的科学家对基因和蛋白质有了更多的了解，也知道如何为能抑制肿瘤的微生物确定攻击目标，他们可以使其只对一种细胞发动攻击，他们甚至还能将特定的标记分子贴附在这种微生物上，确保其进入人体的时候不会偏离预定的攻击目标。

科学家认为，理想的能抑制肿瘤的微生物应该可以被抗病毒或抗菌药物控制，因此，他们认为麻疹病毒是合适的选择。减毒的麻疹病毒可以受肿瘤细胞表面的一种蛋白质的诱导，从而与肿瘤细胞产生高度的亲和力。美国科学家正在试验利用麻疹病毒治疗卵巢癌，他们对麻疹病毒进行处理，使其能够产生一种蛋白质，通过测试这种蛋白质就可以监测麻疹病毒的工作情况。此外，他们还在研究一种能够识别正常细胞和脑部肿瘤细胞的麻疹病毒。

在麻疹病毒到达靶细胞发挥作用之前，它们必须躲开一个对手，那就是机体的免疫系统。为此，科学家提出两种解决方案：第一是使用免疫抑制剂，使免疫系统处于暂时的抑制状态；第二是为病毒加上蛋白质"外套"进行保护，使其不被免疫细胞发现。

一些科学家另辟蹊径，他们将目光瞄准了EB病毒。EB病毒是一种嗜B淋巴细胞的病毒，在人群中的感染率大约为95%，通常它们被隔离在免疫系统的B淋巴细胞中。但是，EB病毒并不会始终保持平静，它们会突然间疯狂分裂，迅速扩散。与其他病毒不同的是，EB病毒很快会被免疫系统的杀手T淋巴细胞清除。

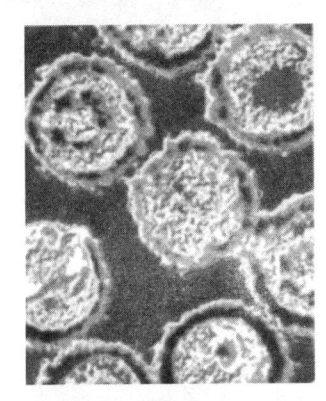

EB病毒
EB病毒可以触发机体的免疫反应，使免疫杀伤细胞直接杀死所有的肿瘤细胞

科学家认为，可以利用机体现有的防御系统和经过改造的B淋巴细胞作为癌症的警报器。他们培养一种被EB病毒感染的B淋巴细胞，在细胞上黏附某种肿瘤的特异性蛋白。然后，在实验室里培养T淋巴细胞，使之攻击并消灭这种特殊的B淋巴细胞。在这一过程中，B淋巴细胞中加入的肿瘤特异性蛋白就成为抗原被T淋巴细胞提呈，使免疫系统产生记忆，以后T淋巴细胞就

会主动攻击具有这种特异性抗原的肿瘤细胞。

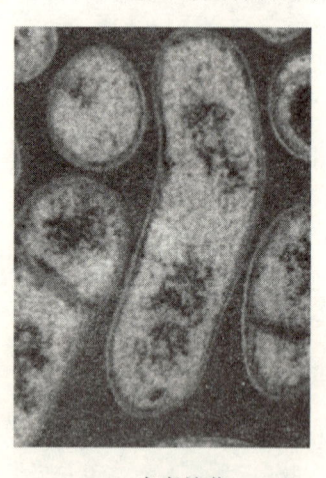

为了验证以上的想法，科学家进行了实验。他们给被 EB 病毒感染的 B 淋巴细胞穿上了蛋白质外套，蛋白质来自三种不同的恶性肿瘤：喉癌、霍奇金淋巴瘤和非霍奇金淋巴瘤。研究人员给每个病人使用单独的 B 淋巴细胞培养基，并在其中加入从病人自身血液中提取的 T 淋巴细胞，让这些 T 淋巴细胞攻击经过处理的 B 淋巴细胞，然后将 T 淋巴细胞放回病人体内。结果发现，所有病人的癌症都得到了缓解。研究人员现在正在进一步完善这一治疗手段，同时将其推广用于治疗其他类型的癌症。

肉毒梭菌
这种可以造成食物中毒的细菌能够生存在缺氧的环境中，比如肿瘤深部，并且在那里释放出杀死肿瘤细胞的毒素

病毒并不是唯一能够"改邪归正"的微生物。不少爱美之人热衷于注射世界上最致命的毒素之一——肉毒碱，以此去除皱纹，重新找到年轻的感觉。科学家们受到启发，对产生肉毒碱的肉毒梭菌产生了兴趣。肉毒梭菌能在缺氧的环境下生长，而肿瘤细胞最令人头痛的特点是它们也能在无氧环境中分裂。科学家把两者的共同特点联系在一起，开发出一种新的微生物治疗方法。他们对肉毒梭菌进行改造，使其只能在极度厌氧的肿瘤内部繁殖。它们在肿瘤内部释放毒素，迅速将肿瘤细胞杀灭。

科学家们还在研究另一种细菌——沙门菌，让它从肿瘤细胞内部将其摧毁。沙门菌在生活中无处不在，比如在未加工过的肉类制品和鸡蛋中都能找到它们的踪影。一旦进入血液，它们就会释放内毒素，造成脓毒血症，引起感染性休克。另外，它引起的

强烈的免疫反应往往造成急性肝、肾功能衰竭以及血压迅速下降。但是，这种致命的细菌却可以成为一个强大的肿瘤杀手。就像麻疹病毒一样，沙门菌与肿瘤细胞有一种天然的亲和力。科学家们改变了沙门菌的一些基因片段，经过基因修改的新型沙门菌，可以将人体内一种普通的化合物转变成具有毒性的肿瘤治疗因子。实验显示，体内注入经过基因改造的沙门菌后，三分之二的病人体内的肿瘤治疗因子呈活跃状态。

科学家们还发现了可用于治疗癌症的另外几种细菌，包括李斯特菌、链球菌和志贺菌等。

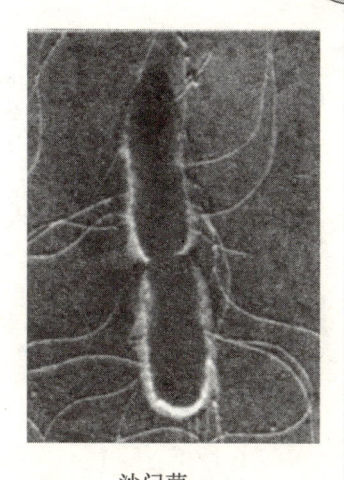

沙门菌

这种细菌也存在于不干净的食物中。它与肿瘤细胞有着一种天然的亲和力，通过基因改造，它能释放一种强大的抗肿瘤介质

就像治疗艾滋病的鸡尾酒疗法和治疗癌症的联合化疗一样，微生物疗法也需要联合治疗。例如，将改造过的肉毒梭菌和麻疹病毒联合使用，既可以攻击厌氧的肿瘤内部，又可以攻击肿瘤的外周边缘，再加上一些适当的放疗和化疗作为辅助疗法，将零散的癌细胞消灭。联合应用以上多种方法，我们就有希望彻底攻克癌症。

《科学画报》2005（9）

研究动物"超能力"，开发人类潜能

方陵生

抑制基因，让嗅觉更敏锐

只要闻一下地面，就知道有个熟悉的朋友刚从这里走过，我们人类没有这个本领，但是狗却有，这是因为狗的嗅觉受体要比人类多20倍至40倍。那么，人类在这方面是否也有潜能可以开发呢？

美国佛罗里达州立大学的研究人员在老鼠体内发现了一种叫做Kv1.3的基因，抑制这种基因能提高老鼠分辨气味的能力，删除该基因能使老鼠分辨气味的能力提高1000倍甚至10000倍。而人类身上也有这种基因，因此，从理论上来说，如果能抑制这种基因，或者用基因疗法完全去除该基因，那么，人类的嗅觉也可以变得像狗那样灵敏。

另外，人类鼻子天生就具有的能力也绝不可低估，通过训练，也能在很大程度上提高人类辨别各种气味的能力。

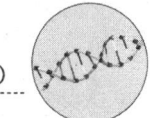

比如，只要经过几天的专门训练，我们就能分辨出家人和朋友的体味。而对那些在法国从事香水行业的人来说，经过7年嗅觉能力的专业训练后，能够分辨出600种化合物的气味，关键是需要不断的实践。

设计耳郭，让听力更完美

即使不能破译动物高声尖叫所表达的意义，倘若我们的耳朵能够听到蝙蝠的唧唧声，或者能够像鹰那样辨别出极其微弱的声音的方向，那将是人类自我完善的一个奇迹。

人类的听力范围只限于有限的音频带内，这是因为人类对声音作出反应的细胞深藏在内耳中，而且由于人类外耳形状的原因，与一些听觉敏锐的动物相比，人类辨别声音来源的能力实在是太糟糕了，我们甚至分辨不出来自前面还是后面的声音。

现代高科技和医学的结合，让人类具有蝙蝠一样敏锐的听力已经不是梦了。听觉植入芯片可以直接与听觉神经或者脑干联结起来，让我们的耳朵可以听到所有频率的声音，包括超声波。至于我们的大脑是否能够理解蝙蝠的超声波信号，那是另一回事。不过，有专家认为，对于儿童来说，在其成长的过程中，他们会将这种声音信号结合到他们的感官中去。

美国研究人员发现猫头鹰耳朵周围的羽毛有助于提高它们的方向感，帮助它们准确地定位声源。他们从中得到启发，认为如果能对人类耳郭的大小和形状重新"设计"一下，对耳郭的凹

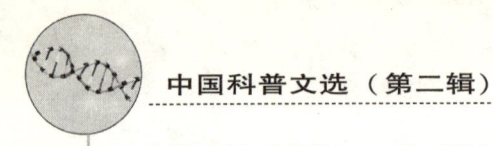

凸走势重新"安排"一下，那么我们就有可能拥有完美的听力。同时，他们设计了一系列实验，如用蜡让受试者的外耳郭暂时改变形状，在几个星期的时间里，受试者的大脑很快就适应了这种变化。这表明人类的大脑具有极强的适应能力，对于各种变化都能很好地适应。

修复DNA，抵抗辐射

2003年，李安执导的科幻大片《绿巨人》在全球放映，相信看过此片的读者一定会对片中的科学家布鲁斯·班纳印象深刻。原本性情温和的他，因为试验中的一次操作失误，遭遇伽马射线的辐射，结果变成了一个暴怒的绿色怪兽。

在强辐射面前，人类不堪一击。但是，在自然界中却生活着这样一种奇特的生物，它们具有的抗辐射能力令人惊讶，这个"超级英雄"名叫耐放射异常球菌，它是微生物学家在研究变质的肉罐头时发现的。这种细菌的抗辐射能力是人类的数千倍。它不怕辐射的奥秘在于，对于辐射造成的伤害，具有超强的"修复"能力。

当辐射破坏了耐辐射细菌的DNA，使其成碎片后，它的修复基因就会立即行动起来，将被破坏的DNA进行修复还原。首先，细菌内部的修复酶被吸附到DNA碎片上，然后开始复制这些碎片，最后这些碎片被"缝合"在一起，重新构成完整的DNA序列。

微生物学家认为，人类可以利用这种耐辐射细菌的DNA修复酶来帮助我们进行DNA的修复。但是，如何让细菌的基因在人体内起作用，这本身就是一个巨大的挑战。而如果人类真的具备了抗辐射的能力，将会给我们带来无穷的益处。比如，可以降低人类患癌症的概率，还可以帮助星际探险的宇航员们在漫长的太空旅途中不用再担心宇宙射线的轰击，等等。

细胞逆转,让残肢再生

斩断火蜥蜴的一条腿,24小时内它的残肢上就会长出一层新的干细胞,接着长出脚趾,然后是神经、肌肉和骨骼,3个月后一条新腿就新鲜"出炉"了,而且和原来一样好使。对于人类来说,如果受伤失去一条腿,可就不会有这样的好事了。那么,是什么让火蜥蜴如此不同凡响呢?

原来,火蜥蜴的细胞能够逆转工作,变成通常只有在胚胎里才能找到的干细胞。干细胞具有全能性,它能根据需要,长成神经细胞、肌肉细胞及其他什么别的细胞。人类想要模仿火蜥蜴的这种超凡本领,还有很长的路要走。但是,有研究人员认为,让人类的某些器官能够自行再生的可能性还是存在的。

美国麻省理工大学的研究人员利用包括胶原质在内的具有生物活性的化合物支架,使其与生长中的细胞结合在一起,并"鼓励"人类细胞向其初期阶段逆转。尽管目前还不能达到逆转出干细胞的阶段,但利用这种方法已经能够使皮肤再生以及手、脚、脸等部位受损神经的再生。将来,这种具有生物活性的支架很有可能应用到其他器官上。

科学家们仍然梦想能够找到让成体细胞产生干细胞一样作用的途径,不过,这个目标任重而道远。虽然已有研究人员偶然发现老鼠的心脏组织具有再生能力,但是至今未能发现能完成这项任务的基因。在不远的将来,支架方式似乎是人类获得像火蜥蜴

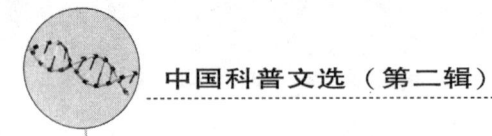

一样再生能力的最好选择。

滞育机制，实现可控生育

口服避孕药会改变女性体内的激素水平，并产生一些不良反应，如痤疮等。那么，是否还有其他的好办法，让女性能够操纵自己身体里的生物化学变化，中止不想要的妊娠过程呢？

事实上，有几十种哺乳动物都能够做到这一点，更别说鱼类、鸟类和昆虫了。哺乳动物中最擅长此术的是有袋动物。当气候条件不理想、食物又短缺时，或者一种可怕的疾病正在流行时，沙袋鼠所怀的胚胎就会进入滞育期，也就是生长停滞期，直到情况好转。如果我们能够找出沙袋鼠成功进入滞育期的奥秘，那么我们同样也能赋予女性这种超凡本领。

研究这种滞育机制带来的好处不仅仅在控制生育方面。人体内一些细胞如心脏细胞和脑细胞，通常不再分裂生长，它们相当于处于某种形式的滞育状态中，如果能够让这些细胞在心脏病或者中风发作之后即被"唤醒"，那么它们就能对受到损害的组织进行及时修复。我们还可以从另一个角度来考虑这种滞育机制可能给人类带来的益处，比如，让癌细胞进入滞育状态。

抵抗缺氧，预防心脑受损

2005年6月30日，帕特里克·缪西穆在未戴呼吸器的情况下，潜入红海海面下209米深处，打破了世界深水潜泳的纪录。

但是，这一骄人的成绩与南极洲威德尔海的海豹相比，差得很远。这些海豹经常潜入600米的深海中捕食，在海水里一口气能待30分钟，而人类在水中一口气最长也只能待7分钟左右。

为什么海豹拥有如此高超的潜泳本领呢？原来，在深海潜泳时，海豹会将大部分血液转移到中枢神经系统如大脑中去，因为这些部位必须保持持续不断的供氧，否则生存就会受到威胁。令人惊讶的是，尽管此时海豹身体其他部位处于严重缺血状态，但它们肌细胞的生存丝毫不受威胁。这是因为这些细胞里含有大量的肌血球素。与血红蛋白相比，肌血球素的储氧能力更强，在供血骤降时，完全可以依靠存储的氧来维持身体的需要。

美国得克萨斯大学西南医疗中心的研究人员对小海豹研究后发现，它们出生时身体里的肌血球素含量不高。他们正在研究海豹这种惊人能力是如何发展起来的，这一研究如有进展，人类将有望通过药物或者基因疗法，找出增加人类肌血球素含量的途径。

海豹不是自然界中唯一能够在组织缺氧时仍能生存的生物。金钱鲨触礁搁浅，在离水状态下，虽然暂处于昏睡状态，但能够生存几个小时，一旦受到外界扰动时，它们又会苏醒过来。澳大利亚的研究人员正在寻找它们身上的某种基因，当它们身体里的含氧量突然下降时，这些基因就会被激活。

如果科学家能够成功地"学会"海豹的这种本领，未来心脏病或脑中风患者发作时就能依靠自身力量有效地预防心脏和大脑受损，初生儿也能防止由于缺氧而造成窒息。

两眼一开一闭,延长工作时间

无论你是一个忙碌的生意人,还是一个忙着应付考试的学生,都会抱怨同一件事:没有足够的时间。如果我们一整天都能保持精力充沛,而不必每天晚上在睡眠中耗费8个小时,那该有多好。

一些迁移中的鸟类可以在几个月的时间里很少睡眠;小海豚出生后,小海豚和它的妈妈可以连续一个月不睡觉。我们也能做一个彻夜不眠者吗?美国加利福尼亚大学的杰瑞·西格尔专门研究海豚"不睡觉"的奥秘。他认为,这些动物可以连续几个星期不睡,人类也应该具有这种潜能,只是尚未被开发出来。如果我们能够找到某种药物来激活大脑中的某个区域,那么人类每天工作、学习或娱乐的时间将有可能延长到20小时。

美国一位研究鹞长距离迁徙行为的专家发现,鹞在从加拿大飞到秘鲁的5000千米行程中,每晚只睡2.5个小时,而平时它们每晚要睡10~12个小时。

鹞为什么在长途迁徙中可以只睡这么少的时间呢?原来,它们具有一种奇特的睡觉方式:在飞行中,能够一只眼睛张开,另一只眼睛闭着睡眠。这样,大脑两半球可以轮流休息,做到飞行、睡觉两不误。这种睡眠方式称为单半球睡眠,在这种休息模式下,它们的大脑仍然能够保持正常的功能。鸟类大脑为何能做到这点,至今依然是个谜,这一研究如有突破,有望研制一种让我们可以少睡觉的药物。

研究人员还发现，一些鸟类在迁徙过程中，能够进行 10 ~ 20 秒的"微睡"。目前，研究人员正在研究适合于人类的最佳"微睡"周期。

改造视网膜，获得超凡视力

双眼视力都是 1.5，也许你会引以为傲，但是，与许多动物的超凡视力相比可就差得太远了。比如，鹰能够看到很远的猎物，金鱼和某些种类的蝴蝶能够看到紫外线。不过，未来经过基因改造的人类眼睛也有可能获得这种能力。

人类要想看见紫外线，最简单的途径就是扩大人眼能够看到的光的波长范围。视网膜上的视觉细胞——视杆细胞和视锥细胞——含有一种叫做视蛋白的光感蛋白质，不同视觉细胞中氨基酸序列的微小差别决定了它们吸收光的波长范围。科学家们要做的就是将某种基因引入视觉细胞，将视蛋白的感光能力调整到我们想要看到的波长范围内。

鹰能够看到远处的猎物是因为它们的视网膜上有着非常密集的视锥细胞。所以，如果想要提高人类眼睛的分辨能力，就需要设法在视网膜上增加更多的视锥细胞。

大自然中动物的超能力令人惊讶，也让我们羡慕不已。未来科学的发展真的能够让我们人类也拥有这样神奇的超能力吗？让我们拭目以待吧。

《科学画报》2006（9）

让残疾人配上最"贴己"的器官

陈福民

生活中,有的人生来就缺胳膊少腿,还有一些人在意外事故(如车祸、疾病等)中失去了某个器官,越来越多的残疾人的一生在不幸中度过。我国的器官移植的供需矛盾也极为突出,目前全国有大约150万尿毒症患者,每年却仅能做3000例左右肾脏移植手术;有400万白血病患者在等待骨髓移植,而全国骨髓库的资料远远满足不了需要,大量的患者都因等不到器官而死亡。不少科学家正在为解决残疾人的痛苦而努力工作着。随着科学技术的发展,那些器官缺损的患者有了福音,他们可以逐渐安装上真正属于自己的个性化人造器官。

先不说现有的活体移植带来的问题,即供应器官的人太少和排斥作用、成活率很低,就是采用医用生物材料,给患者安装一些用物理或化学方法研制的人造器官,比如,用血液泵和电池制作的人造心脏,还有用特殊的呼吸导管制作的人造肺,用氟碳化合物制作的人造血液等,这些人造器官不但受到人体的排斥,而且会产生不良反应。

因此,现在生物医学专家希望利用细胞生物学、分子生物学以及材料科学等最新技术,用人工培养的办法培养出人体需要的正常组织。在将来,医院就能像工厂生产零部件一样,根据患者的缺失情况,需要什么培养什么,需要多少做多少,量体裁衣,做好了安装上就能发挥作用,起到人体正常组织所能起的作用。

这些利用了生物学的方法生产的人造器官可以更适合人体。而且可以结合先进的电脑技术，为每一个患者提供与他原器官特别相似的人造器官。简单地说，这种个性化人造器官就是利用患者自身的局部组织或细胞，再利用外来的一些高分子材料，在身体的相关部位"长"出一个最"贴己"的器官。

那么，怎样制作个性化人造器官呢？

说起来还挺有意思。生物学家首先制定构建某种组织或器官的设计图，然后按照图纸要求制备一种特殊的骨架，就像建大厦造桥梁打造钢筋水泥的骨架那样。但这种骨架要具有降解特性，降解后对人体无害，并能提供细胞生长场所。有了组织器官的骨架以后，生物学家将患者残余器官的少量正常细胞作为"种子细胞"，"种"在这种人造骨架上，再提供合适的生长因子，让细胞分泌出建造组织或器官所需的细胞间质，犹如细胞在骨架上逐渐长出"墙壁"、"地板"、"天花板"，最后，作为骨架的生物材料在细胞培育过程中，逐渐降解而消失。整个器官在完全无菌的生物反应器里培养，等到整个器官在体外"长"好之后，再移植到患者体内，由于是他自身细胞"长"成的器官，患者就不会产生排斥反应。

目前，科学家还发展出一种更简单的人造器官方法，就是把作为支架的高分子材料、细胞和生长因子混合在一起，注射到患者体内需要修复的部位，让这些原料"长"出一个完整的器官来。到时，去医院修补器官就像现在打针一样方便。这种新的方法叫做"可注射工程"。

1997年，美国南加州一家名为ATS的公司首次由包皮细胞长成了人造皮肤，移植在病人身上后，人工皮肤细胞即使已经死亡，其所含的生长因子，仍能够促进伤口周围的组织再生。这是最先面世的个性化人造器官产品。目前，人造皮肤已经成为个性化人造器官中最成熟的一个品种。

美国马萨诸塞大学的查尔斯·瓦坎蒂教授在生物反应器里为

两位切掉拇指的机械师培育了拇指的指骨。与此同时，安东尼·阿塔拉领导的一个由波士顿儿童医院的医生组成的小组正计划把用胎儿细胞培育的膀胱植入人体。美国阿特丽克斯公司生产了一种掺有生长激素和疗效药物的可吸收生物材料，它能促进牙龈组织再生。

德国汉诺威医学高等专科学校的赫尔穆特·德雷克斯勒教授首先从心肌梗死患者的骨髓中提取出干细胞，经过一系列特殊处理后，这些病人的自体干细胞通过特制导管被植入发生梗死的心脏动脉中。试验结果显示，接受新疗法的病人心脏能够自行康复，并可以再生心脏肌肉组织。

我国的曹谊林教授曾成功地在裸鼠身上移植成功了人造耳，这是世界上第一个个性化人造耳。曹谊林教授先用一种高分子化学材料聚羟基乙酸做成人造耳的模型支架，然后让细胞在这个支架上繁殖生长，支架最后会自己降解消失。将裸鼠的背上割开一个口子，然后将已经培养好的人造耳植入后缝合。现在这种器官再造技术已经开始用于临床实验。2001年，一个颅骨破损达6厘米×6厘米的男孩在上海求医，曹谊林教授利用个性化人造颅骨技术为患者成功修补了颅骨。

人造器官的研究发展得很快，剩下的问题是，人类究竟何时能享受这种个性化的人造器官呢？美国生物学家、诺贝尔奖获得者吉尔伯特认为："用不了50年，人类将能够培育出人体的所有器官。"

中国科普文选（第二辑）

生命探秘

追根溯源

ZHUIGEN SUYUAN

恐龙蛋

电影《侏罗纪公园》里的恐龙世界

人类还在进化吗

夏 芸

前段时间，有研究者预言千万年后人类 Y 染色体将消失，男人将不再存在。他在对人类 Y 染色体进行研究后发现，在 3 亿年的漫长的进化过程中，Y 染色体上的基因已经失去了 1000 多个。由于 Y 染色体是通过男性精子传给下一代的，同时决定了男性的性别，因此 Y 染色体基因突变会直接影响下一代 Y 染色体的功能。这样，经过不断的退化，最初的 Y 染色体的功能将不复存在。这项研究一经报道，立即占据了很多报纸、杂志的头版。一些人不禁开始对人类的未来忧心忡忡。

所幸的是，另有研究表明尽管 Y 染色体的功能在渐渐退化，但它还不至于彻底消亡。科学家在对黑猩猩进行研究后发现，黑猩猩的 Y 染色体在过去的 600 万年中只失去了 5 个基因，而人类的基因要比科学家原来想象的稳定。但是，仍然有个问题始终萦绕在人们心头，那就是"人类还在继续进化吗？"

依然在不断进化的人类

对于绝大多数研究者来说，"人类是否还在进化"或许不是个问题。因为人类和其他任何存在于地球上的生物一样，是自然选择及其他进化机制作用的结果。有些人甚至认为这样的问题本

身就反映了他们对生物进化的误解，那就是把人——这种生命形式作为所有生物进化的终点。

然而，也有一些研究者指出，在发达国家，随着科技的不断发展、文明的不断进步，自然对人类的影响已经越来越小，自然选择的作用正在逐渐消失，人类已经到达了进化的顶峰。因为人类基本的物质需要都能得到满足，医疗保健水平越来越高，新生儿的存活率很高；进化法则似乎由"最适者生存"变成了"几乎所有人生存"，自然对人的选择性压力大大减轻。但是，事实上，自然选择仍然在发达国家中存在，因为人们的生育能力仍然存在较大的个体差异。每个人生育孩子的数量不同，说明个人对人类的贡献也不相同。而在不发达国家，人们仍然受到贫穷与疾病的威胁，自然选择的压力更大。自然选择在人类的基因组上留下印迹，使人类能产生对一些严重疾病的抗性。

以艾滋病为例。目前在非洲，几乎所有的黑猩猩都携带着人免疫缺陷病毒（HIV），但它们却不会感染艾滋病。然而，几千年以前，情况却大不相同。当第一批黑猩猩感染上艾滋病毒的时候，成千上万只黑猩猩因此死去，只有一小部分能够免疫，得以存活。而活下来的那些黑猩猩，就是现在这些有免疫功能的黑猩猩的祖先。由此推测，1000多年以后，人类将可以携带HIV，但却不会感染上艾滋病。

在过去的很多年里，科学家一直致力于研究自然选择如何造就了人，并不断塑造着人。人类基因组计划与世界各地获得的人类遗传学信息不断地揭示了人类DNA受到自然选择的痕迹。

从猿到人：人类继续向现代"变异"

无论人类今后会进化成什么样子，从猿到人体形的改变在很大程度上是自然选择的结果。现在有许多研究表明，在600万年前开始的从猿到人的进化，始终伴随着很强的自然选择压力。但

是，并非所有的人体形的改变都与自然选择或遗传进化有关，如人的平均身高变得越来越高，是由于营养水平的提高而非自然选择的结果。

原始人的面部特征在300万年里发生了很大的变化：由更新世灵长动物宽大下颌的脸变成现代人类相对较小而细长的脸。南非开普敦大学的人类学家吕贝卡·阿克曼和美国华盛顿大学医学院的解剖学家詹姆斯·切夫鲁德认为，基因漂移能够解释在250万年前人类诞生后的几乎面部的所有变化。

另有研究认为，在人种的地区差异上，虽然基因的随机漂移作用没有人们想像的那么大，但在一些情况下却起着很大的作用。比如，研究者发现，生活在西伯利亚的布利亚特人的头骨更宽阔。因为这样的头骨具有更小的表面积，以使人在寒冷的气候条件下散失的热量更少，更能适应寒冷气候。

最近，美国康奈尔大学的生物学家卡洛斯·巴斯塔曼特及其同事完成的一项研究，也证明了达尔文的自然选择理论在人类基因水平上仍然发挥作用。研究人员在对近12000个来自39个人与1头黑猩猩的基因分析后发现，被检测的人类基因中约有9%正在快速进化，因此，自然选择仍然在人类基因组构建中起着重要的作用。而最易受影响的基因是那些与免疫、生殖以及感知有关的，研究人员在将人和黑猩猩的基因组比较后还发现，这些基因在人身上发生的变化要比在黑猩猩身上发生的大，尽管人和黑猩猩在500万年前具有相同的祖先。

文明的进步促进了人类的进化

尽管人类头骨的变化与基因随机漂移有关，但人体的其他一些变化更可能与文化或环境有关。

美国犹他大学和哈佛大学的科学家曾提出，长跑对于塑造现代人直立的体形至关重要。200万年前，当非洲草原上的人类祖

先开始直立行走后，为了适应非洲草原上弱肉强食的生存环境，他们开始学会了长跑，以躲避敌害或获取食物。这个古代人类的长跑习惯在现代人类的身上留下了很多进化印记。例如，人类有宽而硬的膝关节，腿部有许多其他类人猿没有的肌腱，有发达的臀肌、汗腺，等等。

布利亚特人的宽头骨更能适应寒冷气候

最近，美国霍华德·休斯医学研究所的布鲁斯·拉恩及其同事在对人脑进行研究时发现，有两个与脑容量大小有关的基因，这两个基因序列的变异调控了人大脑的大小，如果它们不能正常工作，新生婴儿的大脑会很小。

在这之前，研究人员就已发现这两个基因在人类进化过程中产生了一系列变异。其中一个名叫 Microcephalin 的基因在 3500 万年前到 3000 万年前灵长类向人类进化的过程中加速进化，但后来进化速度减缓了；而另一个名为 ASPM 的基因在原始人类进化的 600 万年里，进化的速度极快。为了了解这两个基因是否在

今天的人群中仍然在进化，他们又进行了深入研究。

研究人员利用从各个不同人种种群获取的DNA样本，发现Microcephalin基因和ASPM基因与千百万年前相比，仍然发生了很大的变化。通常这些变异以高频度出现，因此不可能是基因的偶然变异，只可能是由于自然选择的压力造成的。这样，适合物种生存的遗传变异就得以保存下来，并传递给下一代。

另外，在37000年前，Microcephalin基因发生新变异的时候，恰好艺术、音乐刚刚出现，人类也才开始学会制造工具；而ASPM基因的新变异发生在约5800年前，基本与文字的产生、农业的传播及城市的出现处于同一时期。因此，人类的遗传进化可能与文明的进步有着一定的关系。

对许多人类学家、生物学家来说，虽然目前相关研究数量有限，但已有越来越多的研究证据表明，自然选择仍然作用于人的基因组，即使这种作用方式很微弱，人类仍然在不断地进化。那么，我们是否由此就可以推测未来人类进化的方向或过程呢？千万年以后，男人真的会消失吗？未来的人类会是什么样子？……

目前，绝大多数研究者都不能确切地解答上述问题。也许，只有时间，只有"自然"才能告诉我们答案。

《科学画报》2006（1）

说不清道不明的返祖现象

韦 青

新生儿长有尾巴,海豚长有后肢,这些都被认为是"返祖现象"。然而,究竟什么是返祖现象?为什么会出现返祖现象?这些至今还是个谜。

每年10月到次年4月,日本都要捕杀大量鲸类。每年他们要杀死约20000条鲸。但是,其中的一条宽吻海豚(科学家现在把它叫做AO—4)却逃过了一劫。救了海豚性命的是它的奇特相貌:除了通常的一对前鳍外,这条海豚后面还有一对小鳍。专家指出,在早期海豚化石上,也有较小的后鳍。美国东北俄亥俄大学医学院的约翰尼斯·西维森说:"这看上去像是海豚4000万年前的祖先。"新闻界马上相信了这个说法,报道了海豚的"返祖现象"。这种说法很吸引眼球,但是否可信呢?

说任何一种动物"返祖"都是有争议的。大半个世纪以来,绝大多生物学家都不大愿意用这个词,因为他们都不忘一条进化论的定理——"进化不可逆"。但是,随着越来越多的事例出现,随着现代遗传学的面世,这条定理不得不改写了。"返祖现象"在进化中不但是可能的,而且有时在进化过程中扮演着重要角色。

1890年,比利时古生物学家路易斯·多罗提出,进化是不

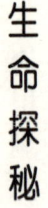

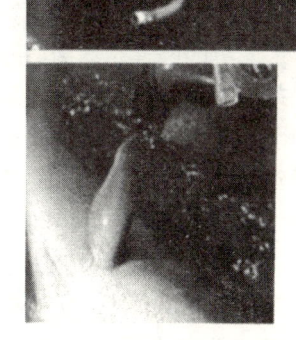

可逆的,"已经进化的生物体不能回复到、哪怕是部分地回复到早期的发展阶段"。20世纪初的生物学家也得出了类似的结论,虽然他们是以概率的形式表达的——没有理由说进化不可逆,只不过是没有可能。于是,不可逆的说法站住了脚,被称为"多罗定理"。

2006年日本人抓到的这条海豚因为它那不寻常的后鳍逃过了一死

如果多罗定理是对的,那么,返祖现象即使有,也是极少的。然而,差不多从一开始就不断有例外出现。例如,1919年,在加拿大温哥华岛附近捕到一条驼背鲸,它长着一对1米多长的附肢,形状像腿,骨骼发育完全。探险家罗伊·查普曼·安德鲁当时主张,这条鲸必定是回复到陆生祖先的性状。"我看不出还

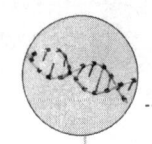

有其他的解释。"他在1921年写道。

自那时起，又发现了许多案例，使得再说"进化不可逆"已经毫无意义了。这形成了一个谜：为什么某些个体会重现数百万年前祖先的模样？

1994年，美国印第安纳大学的鲁道夫·拉夫和他的同事决定用遗传学找出进化倒退现象的发生概率。他们推论说，凡是涉及基因消失的那些进化，都是不能倒退的。但是，也有一些进化可能是旧的基因不表达，一旦这些"静默"的基因重新表达了，他们认为，消失很久的特征又会重新出现。

拉夫的团队进一步计算其发生的可能性。一个不再有用的基因能够在一个物种里保存多久呢？他们算出，静默基因在少数个体中很可能保存600万年，有的甚至可保存1000万年。换句话说，倒退是可能的，但只限于相对较晚近的进化。

作为一个可能的例子，团队举出了生活在墨西哥和美国加利福尼亚州的钻地蝾螈。像大多数两栖动物一样，钻地蝾螈小时候都像一条"蝌蚪"，经过蜕化才会成年。只有一种美西蝾螈是例外，它成年时不经过蜕化。对此，最简单的解释是：美西蝾螈失去了蜕化的能力，而其他蝾螈仍保持着这种能力。然而，从对于两栖类动物家族树的详细分析可知，很清楚，其他世系是由一个没有蜕化能力的祖先进化来的。换句话说，钻地蝾螈中的蜕化是返祖现象。事实上，在整个群体中，蜕化在1000万年间一直有时无，一些物种失去了这种能力，而它们的后代又恢复了。

蝾螈的例子适合拉夫1000万年的框架。不过，最近报道的例子打破了这个时间限度。2006年，耶鲁大学的生物学家冈特·瓦格纳报道了对南美巴克蜥的进化历史的研究结果，巴克蜥大都长有细小的四肢；有的则看上去更像鳗鱼而不是蜥蜴，更有少数巴克蜥后肢上的趾完全消失了。但是，另一些品种的巴克蜥后腿长有4个脚趾。

最简单的解释是，有脚趾的世系从来没有失去过脚趾。但

是，瓦格纳不这么认为，根据他对巴克蜥家族树的分析，有趾种是从无趾的祖先再进化来的。更有甚者，失去后再重新获得脚趾的过程超过了1000万年。瓦格纳说："在这个具体案例中，我们证明了多罗定理是不正确的。"新近又有一篇论文提出，竹节虫在3亿年前失去了翅膀，以后，它的一小部分后裔先后重新长出了翅膀。

发生了什么事呢？一种可能是，这些性状重新进化的途径都差不多，因而互不相干的种类会长出相似的器官组织，例如鲨鱼和逆戟鲸都长有背鳍。另一种更令人感兴趣的可能是：生长脚趾或翅膀的遗传信息经过数千万年，甚或上亿年之后，不知怎么仍然在蜥蜴和竹节虫那儿保留了下来，并且恢复了活性。这些返祖性状具有一定优势，因而在整个种群中扩散开来，有效地颠覆了进化。

但是，如果静默基因在600万～1000万年间就退化了，失去的性状又怎么能在更加长久的时段之后重新活跃起来呢？答案可能在子宫里。

许多物种的早期胚胎会出现祖先的特性。例如，鲸和海豚的胚胎会萌发出后肢的胚芽。人类胚胎有一条尾巴的胚芽。之后，在胚胎发育过程中，胚芽又消失了。

祖先的秘密

但是，要是"让它消失"的过程出了差错（或许是发生了突变），祖先的性状可能就不会消失了。"如果这一机制重新启动了，那么，你就可以名正言顺地被叫做返祖体了。"瓦格纳说。或许，这正是日本海豚身上所发生的。这也可以解释为什么成年的鲸和海豚有时候在后肢芽的位置长有骨质突起，以及为什么会不时抓到生腿的蛇。

但是，生物为什么要在胚胎发育早期保留祖先的结构，而且

的只是为了随后再消失？在某些情况下，远古的特征在发育中依然起着一定作用。例如，脊椎动物胚胎先发育出一条类似于早期脊椎动物的软骨脊椎，然后作为脊椎骨的模板。达尔豪斯大学的生物学家布朗·霍尔认为，"它具有重要的胚胎功能"。

钻地蝾螈或许是反向进化的最好例子

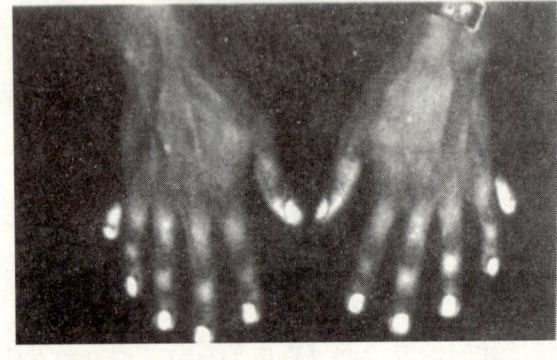

我们的两栖类祖先掌上有8个脚趾，那么，多指畸形是不是返祖现象呢

另一些暂时的胚胎功能，例如鲸的后肢芽则很难解释。一种可能是它扮演着一种我们尚不了解的角色。另一种可能，按照英国巴斯大学的发育生物学家乔纳森·斯莱克的说法，它们之所以存在，是因为从来没有要它们消失的进化压力。"尾骨之存在，是因为它原本就在那儿，并不是因为它有什么具体的功能。"

鸡的牙齿和长毛的脸

但是,这带出了另一个问题:为什么引导后肢或尾巴生长的基因没有像其他静默基因那样废掉呢?回答可能是它们并没有真正静默。

即使某个器官没有用了,只要身体的其他部分需要,与之有关的基因仍然会保留着。正如霍尔指出的,不存在腿的基因或是尾巴的基因,每个器官都涉及多个基因,而许多基因都涉及身体完全不同的部分。例如,鸟类、蝙蝠、昆虫的翅膀都是腿的变异。毛发、牙齿、羽毛和鳞片是同一类型的变异——这就是为什么由于某些干扰,人的牙龈上会长出毛发来。

这说明了基因为什么需要让久已消失的性状长期保存下来,超出了拉夫的1000万年的时限,只要这些基因还在,看来古代的发育程序在生活中还会重新萌发。例如,鸟类在7000万年前就失去了牙齿,然而,1980年,在一个著名的实验中,美国康涅狄格州大学的爱德华·科拉尔设法诱导小鸡胚胎长出了未发育的牙齿。科拉尔解释说,这意味着他不知何故唤醒了沉睡的遗传程序。该结果是有争议的,批评者如拉夫认为,所谓"鸡的牙齿"完全是人工制造出来的。然而,2006年,威斯康星大学的约翰·法伦描述了鸡胚胎中的一种突变,它会引发牙齿的发育。此后,批评者开始沉默了。

即使说鸡的牙齿基因之所以保留下来,是因为它们在身体的其他部分有用,但这也不能解释所有问题。能够在正确的地方、按照正确的顺序,重新创造出一种消失已久的性状,这本身就令人十分吃惊。法伦承认,"我不知道这怎么可能。"

如果返祖现象真是一种大倒退,并且在各种动物中都有,那么,我们人类呢?自从600万年前与猿分道扬镳之后,我们进化得很快。我们的手指和手掌变短了,拇指则变得更长、更有力、

蛇的后肢胚芽一般在卵中就消失了，但偶然也会保留下来

更灵活了。我们的体毛没有了，汗腺却更多了。我们用双脚站了起来，有了语言和独特的认知能力。

临床上有许多病例报告说，人类身体的各部分都有返祖现象，从大大的犬齿到猩猩那样的尾巴都有出现。有学者还认为，有些行为也像是返祖现象。但是，这些是否都属返祖现象呢？除非遗传分析表明，这些情况确实是回复了祖先的性状，而不是发育异常，否则就很难下此断言。

例如，多毛症经常被认为是一种返祖现象，这是一种罕见的症状，患者整个脸和身体其他部分都长满浓密的毛发。但是，你再去看看猩猩或猿，它们脸上的毛比许多人还少些呢。甚至有一

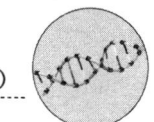

份报告说，长臂猿（那也是一种脸上没毛的猿类）也有患多毛症的。所以，如果多毛症是返祖现象，那也不是回复我们最近的猿类祖先的性状。

进一步发掘证据

另一种说法是，某些行为综合征是返祖现象。2002年，荷兰莱顿大学的研究者提出，猝倒症（一种由于受到强烈感情刺激而引起的肌肉弹性和力气突然丧失的病症）是一种返祖现象，就好像兔子突然受到强灯光照射时会愣住不动。类似的，当我们用手做一些技巧性的工作，比如缝纫时，我们嘴巴的习惯动作可以反映出猿类祖先的行为，因为猿类通常是手和嘴一起用的。当然，在我们了解本能和行为的遗传基础之前，这些说法是未经证实的。

不管怎样，有一种情况几乎可以肯定属于人类的返祖现象。文献中有100多例新生儿长有尾巴的报道。这些尾巴有的只是脂肪质的附肢，有的则包含多余的椎骨、韧带和肌肉，有的甚至还能动。"这很清楚是一种返祖现象。"德国马克斯·普朗克分子遗传学院的伯纳德·赫曼说。他专门研究脊柱的发育，他说："所有脊椎动物都具有长尾巴的能力。"随着胚胎的发育和延伸，首先出现了脊柱，稍后再长出尾巴。就人类来说，这个过程停止得比较早。但是，如果有什么破坏了"停止"信号，脊柱延伸的过程就会继续。"在胚胎中有一个固有的限制机制，使得尾巴在适当的时候停止生长。"伦敦儿童健康研究所的安德鲁·科皮说。他曾经帮助识别某些与尾巴形成有关的基因，人长出尾巴，可能是因为多长了一段脊椎骨，或者是自我控制机制失灵，或者是两者都有。该突变的根源尚未弄清，而且，尚不清楚人类的尾巴是否像我们的猿类祖先。我们对于从猴子到猿之间的过渡物种只找到一些化石牙齿，因此，我们的祖先是什么时候、为什么失

竹节虫在遥远的进化过程中失去了翅膀，而在以后又重新进化出翅膀

蹼趾几乎可以肯定是一种返祖现象

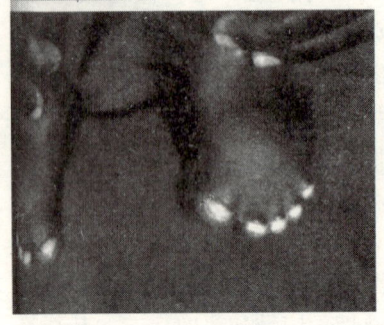

去尾巴依然是个谜。

总之，无论人群中的哪一种返祖现象（而且，除非每种现象的遗传都弄清楚了，我们根本无法肯定它们确实是返祖现象），它们显然比生物学家一度认为的更加普遍。它们潜伏在我们的基因组里，一旦发育过程中出现什么差错，就会表现出来。在某些情况下，返祖现象远非一种倒退，而被证明是一种有利因素，能够在整个种群中扩散，以它的倒退来推动进化。要是人类有一天被迫回到树上，我们失去已久的尾巴可能又会回到我们身上了。

《科学画报》2007（5）

这些是人类的返祖现象吗

大犬齿

有些人的犬齿特别大,这与猩猩和猿相像。根据化石资料,人类的犬齿在我们与黑猩猩分道扬镳之后就退化了。犬齿是猿类捕食和雄性争夺配偶的武器,人类则不需要它。

是不是返祖现象? 可能是。

多余的乳头

比较低等的哺乳动物大都有多个乳头,人类只有2个乳头。但是,约有5%的人有不只一对乳头,有的甚至有6个乳头。这些多余的乳头,有的与乳腺组织相通,能够分泌乳汁,有的不能。

是不是返祖现象? 能够分泌乳汁的副乳是返祖现象。

四肢爬行

2006年2月,有报道说,在土耳其发现了5个同胞兄妹,年龄从14岁到32岁,他们不会走路,只会四肢并用在地上爬行。发现者声称,他们的步态像猿,并认为这些兄妹是返回到了猿的时代。

是不是返祖现象? 不是。有些研究者被愚弄了。但是,英国BBC最近揭露,5兄妹只是因为脑子有病,影响了平衡。其实,小孩子都学过爬行,5兄妹只是从来没能学会直立行走。

大拇指不发育

有的人拇指特别短,其他四指却很长,像是猿类的手掌,其中有些人的拇指关节不大灵活。

是不是返祖现象? 不清楚。

缺乏汗腺

有些人缺乏汗腺。这一点表面上看来像猿。但是,猿有汗腺,

只是局限于掌心和脚底。大多数缺乏汗腺的人似乎是因为基因突变导致汗腺不发育。这与猿不一样。

是不是返祖现象？可能不是。

多指畸形

多生出一两个手指或脚趾，这在人类以及猫、狗等动物中都相当普遍。有两个基因与手指脚趾的生长有关，一个管拇指（趾），一个管其他4指（趾）。一旦这两个基因出了差错，就会长出6~11个手指或脚趾，就像早期的两栖类那样，它们有8个脚趾。

是不是返祖现象？可能是。

蹼指畸形

指间或趾间有膜相连，这是一种常见的先天性疾病。最常见的是中指（或中趾）与其他手指（脚趾）相连。在胚胎期，人的手指和脚趾都是连在一起的，在发育过程中才渐渐分开。其间如果受到干扰，手指的分离就会停止，形成蹼指。

是不是返祖现象？几乎可以肯定。

鳃裂囊

脊椎动物的胚胎发育到第四周，颈部会出现5个皱褶。鱼类的这些皱褶形成鳃，人类则形成头颈部的多种组织。皱褶间的裂缝通常会消失。但是，有时候会留有一个充满液体的包囊，称作鳃裂囊。

是不是返祖现象？也许是退化器官重新出现的最好例子。

孪生子

有人认为，双胞胎或三胞胎是回复到多生多育的早期哺乳动物祖先那儿了。有的妇女有双卵双生的倾向。

是不是返祖现象？不清楚。

打嗝

打嗝困扰人类许多世纪了。最近有人提出，打嗝是我们从刚刚登上陆地的祖先那里继承的原始反应。这些远祖同时用鳃和肺呼吸空气，就像肺鱼那样。打嗝的动作就像那些动物"呵"的一声，不让水呛入肺部，而让它流到鳃部去。

是不是返祖现象？或许是。

猛犸：地球生命的过客

庚莉萍

猛犸是大象的祖先

猛犸是大象的祖先，也叫毛象，生活在北冰洋冻土地带，1万年前在后冰河时代从地球上灭绝。猛犸是鞑靼语"地下居住者"的意思。猛犸体型庞大，是仅次于恐龙的一种大型动物。它有粗壮的腿，脚生四趾，头特别大，在其嘴部长出一对弯曲的大门牙。一头成熟的猛犸，身长达5米，体高约3米，门齿长1.5米左右，体重可达4~5吨。它身上披着黑色的细密长毛，

猛犸能否复活

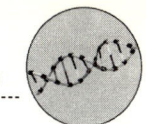

皮很厚，具有极厚的脂肪层，厚可达 9 厘米。从猛犸的身体结构看，它具有极强的御寒能力。

在西伯利亚、加拿大等地都发现过猛犸的化石，寒冷的气候给喜爱在冰天雪地中生活的猛犸家族带来了繁荣。可能在距今 1.2 万~3 万年间，今天的黄海完全裸露，东海大部分裸露，新露出的大陆成了猛犸活动的新天地，因为这里有肥沃的草原、星罗棋布的湖沼，是食草动物理想的生活场所。因此，大批猛犸从世袭的领地向南迁移，辽阔的黄海大平原经常出现猛犸的足迹。

在地球上生活了约 50 万年的猛犸为什么会在 1 万年前突然灭绝？是由于某种灾变引起的，还是由于猛犸自己缺少适应生存的条件而灭绝的呢？猛犸的灭绝和恐龙的灭绝一样，都是生物进化史中的未解之谜。科学家们普遍认为，猛犸的消失与地球气候变化有关，随着冰川后退、气温上升以及后来出现的干旱，可能使猛犸无法适应新的生存环境而最终灭亡。

纽约自然历史博物馆的工作人员罗斯·马克菲认为，古代的猛犸是灭绝于一场流行病。这位美国专家长期以来一直致力于其灭绝原因为兽疫的种种动物物种的研究。比如说吧，近 5 万年来美洲从阿拉斯加到火地岛就灭绝了 130 多种哺乳动物。巴拿马和哥斯达黎加的橙色蟾蜍也已经不见踪影，它们是让突然流行起来的真菌病害死的。还有不少这样的事例，由于动物大批病亡，它们的分布区也大大缩小，比如 19 世纪下半叶的非洲东部，当地居民的家畜在兽疫流行期间也都所剩无几。马克菲还打算借助分子生物学方法在动物的遗骸上找到兽疫的遗迹，它们可能是 DNA 的片段，可能是病原体蛋白，也可能是抗体。

法国科学家贝尔纳德·别克却不同意马克菲的观点，他认为今天有些动物是历史上曾经灭绝的动物的近亲。比如说，长毛犀牛就被认为是今天犀牛的古代同族。长毛犀牛的遗骸跟猛犸的不多，所以认定它们是在同一时间灭绝。然而马克菲却坚信，能活到今天的动物种群中有可能找到一些具有很强免疫力的个体，因

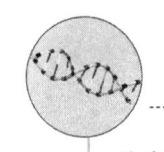

此它们才能逃过兽疫的一劫，劫后再繁衍下来。据美国科学家看来，不知猛犸为何没具备这种免疫力。

科学家们还发现，猛犸实际上在生命的末年健康状况都不是很好。实验室对獠牙的研究也表明，这种庞然大物经常得病，这就同罗斯·马克菲的假设完全一致，说明猛犸是遭遇了一场无名兽疫。

猛犸遗体的发现

在西伯利亚天然冷库里，有些猛犸的遗体保存得十分完好。1977年，人们在东西伯利亚发现了一只雄性猛犸婴儿遗体。它身上的皮肉和长毛都十分完好地保存下来，这是世界上迄今为止发现的最为完整的猛犸个体，人们给它起了个名字，叫"小迪玛"。小迪玛身高1米，体长0.75米，遗体仅重70千克。据推算它活着时体重可达90～100千克。小迪玛身上披着透明的栗色长毛，脚部毛长12.5厘米，胸腹部毛长21厘米。小迪玛是大自然给我们留下的最为完整、具体、清晰的猛犸标本，为我们认识那个世界提供了生动的资料。

2002年8月，雅库特尤加吉尔村的居民瓦西里·戈罗霍夫在当地极圈内一条河的河岸上发现了古猛犸的獠牙和头。这条河流冲毁了长期以来属于永久冻土的河岸。瓦西里·戈罗霍夫对媒体说，他有一次到离村庄有30多公里的河边去打猎，突然发现司空见惯的河岸在一场春汛后塌陷了许多，他走近一瞧，看见从岸边的土层里戳着一件光溜溜的东西，他首先想到的是：会不会是猛犸的獠牙呢？猎人要能找到这种宝贝准能发一笔大财。很快赶到的科学家进一步证实：这光溜溜的玩意儿确确实实是古猛犸的獠牙，而且尺寸相当可观。猛犸呈左躺姿势，其右獠牙已经脱落，但左獠牙还在原地不动。除此之外，猛犸的整个脑袋还裹着头皮，不少地方还能见到一撮毛。在研究猛犸化石中，科学家们

还是第一次看到保存得如此完好的眼睛。该猛犸的卒年为40岁，而一般来说这种庞然大物都能活到80岁，而且很可能是从陡岸上跌下致死。经放射性碳分析，确定这头猛犸已经死了18000年。专用的集装箱式冰箱容不下猛犸的整个胴体，因此除獠牙和头部外，其余的只好重新埋起来，2003年才送到雅库茨克。尤加吉尔的重大发现引起了科学家们的浓厚兴趣，世界上的微生物学家、土壤学家、古生物学家和遗传学家都投入了对尤加吉尔猛犸的研究，他们中有法国人、美国人、俄罗斯人和荷兰人。之所以要集中这么庞大的研究队伍，就是为了弄明白历史上猛犸灭绝的真正原因。

1980年5月，内蒙古札赉诺尔煤矿工人在露天煤矿用电铲剥离表土时，发现了我国目前已知最大的猛犸化石。它身高4.7米，身长达9米，门齿长3.1米，骨骼保存相当完整，颜色为浅褐色，石化程度高，相当坚硬。这是我国发现的第二具较为完整的猛犸骨架。这头巨型猛犸埋藏在距地表40米深的古冰水沉积物之中，它的上下颌咬合很紧，牙齿齐全，连细长的舌骨，也保存完好。从它个体较大，齿板排列比较稀疏，门齿虽长，但扭转不很厉害来看，它属于松嫩平原较常见的一种"松花江猛犸象"，而不同于西伯利亚和中国东北的另一种"真猛犸象"。它头部位置比臀部低，右门齿完整而左门齿有四处断裂，下颌骨有一处断裂，腕部的"骨折"而使两只脚掌朝上，这些都说明它是从陡崖上掉下来摔伤后死的。其他骨骼都处于一具完整骨架所应有的位置，这些说明猛犸死后，没有经过流水搬运，地层是原生层。只是猛犸的两只前脚各有30多块骨骼按应有位置连续排列，甚至前端最小的第一指骨和掌骨后下方的小籽骨都保存完好，后脚骨骼稍有散失。被电铲剥土时装走的一部分脊椎、肋骨和臀部骨骼也找了回来。

有趣的是，在它腹部位置发现了肠胃中残存的粪便，这是几堆黑绿色的草样物，被猛犸咀嚼过的植物茎仍清晰可见，燃烧起

来还发出草香的气味，这是我国首次发现的猛犸粪化石。经中国科学院古脊椎动物与古人类研究所孢粉分析，其中98%以上是草本植物，主要是乔本科、莎草科、菊科、蒿属以及蔷薇科的地榆等，灌木和蕨类很稀少。可见，这头猛犸当年生活在温带干草原的环境之中，吃的主要是纤维质的草本植物。经碳14测定，它生存的绝对年代距今33450±2000年前。这具猛犸化石的发现，对于研究象类的进化、发展、呼伦贝尔草原的演化以及札赉诺尔人生活的环境等都是有意义的。

再造猛犸

再造从地球上消失和绝迹的动物一直是很多科学家们的梦想。最近几年来，生物技术的突飞猛进使得这种可能性越来越大，1996年，日本和俄罗斯科学家共同启动了再造猛犸的计划。由于西伯利亚气温一直很低，所以数万年前死亡的猛犸如果保留在冻土层中，其遗体不会腐烂，而且保存得比较完好。日俄两国的科学家希望能在西伯利亚的冻土地带找到保存完好的猛犸遗体，然后利用猛犸的精子和大象的卵子进行授精，或者利用猛犸完整的DNA进行克隆生殖，产生出接近于古代猛犸的新物种。在20世纪90年代曾经成功地用已经死亡的公牛精子和母牛的卵子进行结合，生下一头健康的小牛。这一技术的逐渐成熟为猛犸的再造计划克服了最大的技术障碍之一。但科学家们无法从猛犸的遗体上获得存活的精子，如何使已经死去的精子和卵子结合，一直是困扰着生物界的难题。由于猛犸是现代大象的祖先，所以可以将冰冻的猛犸精子植入母象的卵子受孕，如果受孕成功则可以生下一头介于大象和猛犸之间的新生物，再经过几代的进化，则可以使新物种越来越接近远古的猛犸。

日俄两国的研究人员在1997年派遣了一支由33人组成的探险队前往西伯利亚寻找合适的猛犸遗体，经过艰苦细致的搜寻，

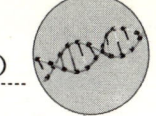

科学家们终于在冻土层中找到幼猛犸的一条腿。虽然科学家们经过研究和实验,发现猛犸腿细胞中的 DNA 因为损害严重已经无法使用。两年后,科考队再次在西伯利亚的荒原冻土层中发现了保存完好的猛犸皮,上面有很多的软组织,这张猛犸皮被完好无损地送往日本进行研究。这只猛犸生活在 2 万年前,日本科学家经过努力,从这张猛犸皮细胞中提取出了 DNA,但是因为损害严重而最终无法使用。

造出一只猛犸并不是日俄两国科学家研究的终点,他们的最终目标听起来非常宏伟:他们要让新的猛犸物种在西伯利亚的自然环境中繁衍发展,同时使该地区很多已经消失的物种都重新出现。猛犸曾经和西伯利亚虎、驼鹿、巨鹿等动物共同生存在西伯利亚地区,如果科学家们能再造出新一代猛犸,也完全可以再造其他已经灭绝的动物物种,这样就可以重新恢复史前时代的风貌。俄罗斯政府已经同意,如果猛犸再造计划获得成功,将西伯利亚的塞哈地区 160 平方公里的土地作为未来的猛犸生态保护区。由于上述地区都是人迹罕至的地区,只有直升机才能到达那里,所以即使未来的猛犸生活在那里也不会受到人类太多的骚扰。

《地球》2007(5)

病毒是一种生命吗

陈 冰

病毒,我们都清楚,就是那个一心一意制造麻烦的主儿。那么病毒是一种生命吗?这个问题几百年来一直在讨论,直到今天也没有达成共识,而难以达成共识的最主要的原因就是病毒太简单了。为什么这么说呢?细菌,我们都知道很小,非常小。它体长只在微米级,绝大多数细菌介于0.5~20微米之间。细菌这么小的主要原因,在于它是单细胞生物,就是说一个细菌只是由一个细胞构成的。但不要把细菌误解成同构成我们身体的细胞同样的东西,细菌在结构上比细胞更加简单和粗糙。而我们同蚊子、骆驼、变色龙以及沙丁鱼一样,都是多细胞生物。多细胞生物的细胞被称为真核细胞,而细菌则是一个原核细胞。

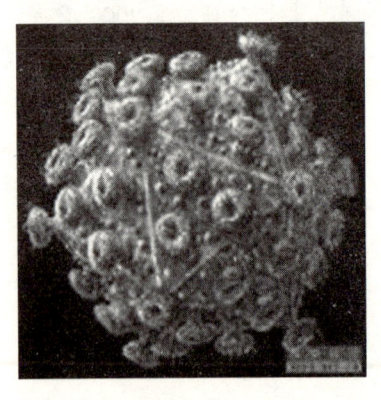

但尽管如此,同我们身体中的细胞相比细菌却更具有独立生活的能力。在进化过程中,多细胞生物由于变得越来越复杂,致使构成自身的细胞发生了结构上和功能上的分化。构成多细胞生物的每一个细胞,为了集体的利益而放弃了独立生活的能力,而细菌是可以独立生活的。

但细菌毕竟只由一个原核细胞构成，非常简单。它没有大脑，没有思维。它看不见东西，闻不到气味，也听不见声音。当然，作为生物细菌需要吃东西。有的细菌（例如蓝细菌，也就是过去被称为蓝藻的东西，后来改名是因为发现它是原核生物）本身含有叶绿素，可以像植物一样进行光合作用；有些则需要靠吃现成的有机物来过活。尽管细菌很小，可供它进行室内装修设计的地方不多，但细菌还是颇具想象力地在内部设计了一些颗粒状的小空间，用来存储一些糖、淀粉粒和脂肪粒。虽然没有什么娱乐，但日子还得过啊。在食物丰沛的时候存储下一些能量以备不时之需，就是细菌的智慧。细菌也会对一些刺激有所反应，如果这个细菌碰巧生了一根鞭毛的话，它会拼命摆动几下，以逃离危险地方几个微米。

说了这么多关于细菌的形态和行为，目的是为了将它同病毒做个比较。细菌看起来已经简单到极点了，仅由一个细胞构成。但同病毒比起来，细菌却可以称得上是一个非常复杂的结构体了。二者之间的差距就好比家用汽车和自行车之间的差距。

还有什么会比一个细胞更简单呢？答案是一个不完整的细胞。病毒只是一段 DNA 或 RNA 外面包了一层蛋白质外壳。有些病毒（被称为类病毒）则只是一段赤裸的 RNA，连蛋白质外壳都省掉了。由于病毒过于简单，以至不具备自主生活的必要功能。其实病毒除了像细菌一样没有视觉、味觉、嗅觉外，它甚至不能从外界获取食物，自身不能进行新陈代谢。病毒也没有感觉和运动器官，一句话病毒什么都没有，它只是一段 DNA 或 RNA。

那么，这样一个连新陈代谢都不能进行的东西能够被称为生命吗？换言之，病毒会是"活的"吗？病毒处于真核或原核细胞之外时，看起来的确不像个活物。你可以像处理化学物质一样，对病毒进行提纯和结晶，结晶后的病毒没有任何生命迹象，

看起来和厨房中的食盐没有什么区别。

然而,就如同检验一个炸弹的威力,只有当它落地之后才能知道。要讨论病毒是否是一种生命?得让病毒进入适合的环境——一个细胞——而后才会知道。一旦触摸到细胞,病毒就会把蛋白质外壳所包裹的DNA或RNA注射到细胞中,而把蛋白质外壳留在细胞外面。病毒基因中的编码指令会接管对细胞的控制权,命令细胞自身的复制体系,利用细胞内的物质复制出病毒的DNA或RNA!还有病毒的蛋白质外壳!然后,这些DNA(或RNA)和蛋白质外壳会按照病毒的指令,自我装配成完整的小病毒。病毒大量复制之后,细胞会因不堪重负而破裂;而这些崭新的小病毒就很有抱负地上路,准备去干掉更多的细胞。

毫无疑问,病毒是活的,当然,病毒是可以称为"活的"的最简单的生命形式。

那么,病毒是最原始的生命吗?根据进化论和我们以往的常识,所有的生命似乎都在变得越来越复杂。先是单细胞生物,然后出现了无脊椎生物,再往后出现了脊椎生物的鱼类,鱼又爬上了岸成了两栖类,进而发展成爬行类,最后出现了哺乳类动物。生命总是从简单到复杂,从低级到高级。尽管不像其他生物发生了那样明显的变化,但细菌也改变了40亿年,进化了40亿年。

按照这样的观点,病毒这种比细菌还简单的生命应该是在细菌出现之前,就存在于地球上了,细菌应该是从某种病毒进化而来的,这就是某些进化论者的观点。然而,这种观点有致命的逻辑错误!因为病毒是为细胞而生的,病毒只有在细胞中才能繁衍。如果病毒是在细菌出现之前就存在了,那病毒如何复制自身?如何繁殖?如何进化?大自然从来不会创造出一样毫无意义的东西。因此唯一合理的解释,就是病毒是在细胞出现之后才出现的。病毒是某种单细胞生物进化后的结果,而这种进化是自然界中唯一的一种在结构上的逆向进化——从复杂到简单!说到底,自然选择不是为生物生活得更幸福而考虑的,自然选择是没

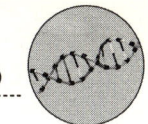

有任何感情的基因裁判员，而所有生命的基因都在这场残酷的竞赛中你追我赶，谁能让自己的基因一直存在下去，谁就是胜者！

一个单细胞生物是如何反向进化成一个病毒的呢？根据病毒只能在细胞内复制的特点，原因很可能是最初一个较大单细胞生物吞噬了另一个更小的单细胞生物，然而却意外地没有将这个小细胞消化干净。小细胞的 DNA 顽强地存活了下来，并逐渐适应了在细胞内生活的现实。这段小 DNA 经过挣扎，学会了利用大细胞内的物质复制自身的方法，只不过这段小 DNA 还比较脆弱，它还缺少一个蛋白质外壳。幸运的是（对其他所有生物而言则是莫大的不幸），有一天这个小 DNA 从宿主细胞中俘走了一段用来合成蛋白质的基因（这很可能是由于原核细胞没有核膜来保护自身的 DNA 造成的），于是它把这段相当不错的基因并到了自己的 DNA 上。现在，这小段 DNA 既能复制自身，又能合成蛋白质外壳，它已经成为了一个小病毒！

20 世纪 60 年代索尔·施皮格曼（Saul Spiegelman）和他的同事在伊利诺伊大学，做过一个富有启示的实验。施皮格曼把一个略长于 3000 个字母的病毒的 RNA 分子放入一个试管中，并在试管中倒入能使复制分子复制自身的原料。人们期待这个系统在经历一段时间后会进化出更复杂的复制分子，但结果出乎人们的意料，复制分子随一个个世代的推进而缩小了。实验开始时分子大约有 3000 个字母长，而结束时已缩短到只剩下 550 个字母的长度。自然选择有利于那些能以最快的速度复制自身的分子，而这个 550 个字母长的分子就是被精选出来的，能以最快的速度复制自身的变异体！尽管这个实验的体系和磅礴的地球不能相提并论，但这至少说明在一定的条件下，进化会向更简单的方向进发，正如病毒所做的那样。

那么，病毒这种"纯粹"的生命除了能让所有其他生命的每一个细胞致病外，就没有一丁点儿益处吗？答案是，有。病毒是天然的纯粹的基因库。病毒对自身 DNA 编码的精练几乎已经

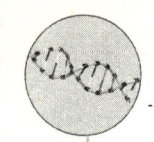

到了不可思议的地步，一些病毒的基因少到无法编码自身所有的蛋白质！当然实际上是够用的，因为病毒可以在一个基因中包含另一个基因。这就像是计算机世界中的数据压缩技术一样，病毒在最小的DNA编码中存储了最大量的信息。这也是为什么病毒那么容易变异的原因，因为随便哪个核苷酸发生改变都会影响它所在的那个基因！

病毒的一心一意侵袭细胞的生活方式，也在一定程度上引发了基因的融合和交换。因为一些病毒在从宿主细胞中脱颖而出时，会拖泥带水地夹带一些原宿主细胞的DNA，并把这些DNA带入到下一个宿主中。这些原宿主的DNA，甚至病毒本身的DNA，有可能在一定条件下被现在的宿主细胞所捕获并合并到自己的DNA中，从而增长并丰富了自身的基因。当然，除了这种方式外，宿主细胞的DNA在复制时也可能由于某些跳跃基因的影响，而把自身中的某个基因或某些DNA片段多复制了好几遍，从而使子代得到了更长更复杂的DNA。一个生物要想变得更高级、更复杂、更智慧的必要条件，就是要有更长的基因。

也许，我们人类能够变得这么智慧，病毒也在其中发挥了作用。

进化的失误

陶 颖

生命常被赞叹为伟大的奇迹。但是,细细品来,"进化大师"也有打盹的时候:一些设计失误遗留至今。

肺的威力

1978年,奥地利人彼德·哈伯勒和意大利人莱因霍尔德·梅斯纳尔在未携带氧气瓶的情况下成功登上珠穆朗玛峰,向世人展示了人类的重要器官——肺的力量。但是,如果将此与鸟类创造的一项飞行高度纪录相比,就相形见绌了。据报道,1975年,一架在11 264米高空飞行的飞机,其发动机居然将一只正在翱翔的兀鹫卷入其中。

鸟类之所以能飞得如此之高,部分得益于其肺部独特的工作方式,鸟类的呼吸被称为"双重呼

兀鹫与飞机"并驾齐驱"

吸"，它的肺部有气囊与之相连，无论是吸气还是呼气，都有新鲜空气通过鸟肺，因此，鸟类的呼吸效率大大超过哺乳类动物。与鸟类的肺相比，人肺肺泡中的空气流通较少，这就意味着人的肺部用以气体交换的面积比鸟类少。此外，为了获得更好的气体交换功能，人的肺泡壁比较薄，这使得我们容易患上肺气肿。

结论： 从呼吸效率上讲，鸟类的肺远远优于人类的肺，如果人类能进化出类似于鸟类的肺，或许能表现出更大的生存优势。

易衰老的人体

人们常抱怨说，自己买来的某种商品不耐用，没多久就坏了。其实，人也是一种"非耐用品"，一般从二十多岁之后，就开始一步一步走向衰老。这是为什么呢？

生物学家认为，衰老是自然选择产生的副作用。同时，衰老也是一种进化的必然：老去的一代可以为新生的下一代提供生存空间。研究表明，一些对年长物种不利、但对年轻物种有利的基因，往往在进化上占据优势。长此以往，"进化大师"会将更多的精力放在生长发育与繁殖后代上，而不是用于修复导致衰老的各种损伤。

研究还发现，生物寿命的长短与繁殖后代的能力之间存在着某种微妙的关系，具体情况因物种的不同而有所差异。比如，老鼠等一些容易被捕杀的动物，虽然寿命较短，但是，其繁殖能力惊人。相反，一些鱼类和爬行动物的衰老速度极其缓慢，它们的年龄越大反而繁殖能力越强。

而对于哺乳动物而言，衰老所带来的压力似乎特别大。有人推测说，在恐龙时代，繁殖速度快、生命周期短的早期哺乳动物因为丧失某种能力，才幸免灭绝。比如，人不能像大多数爬行动物那样随意重新长出牙齿。

不过，也有研究认为，在人类的进化过程中，长寿正成为一

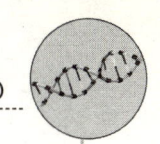

种更加强势的选择：拥有长寿祖父母的个体，会生下更多更长寿的后代。

结论：也许，从进化的角度看，衰老并不是一种设计失误。但是，每当我们在镜中看到自己正逐渐变老时，难免会产生一些伤感。

基因突变的"元凶"

DNA聚合酶是一种参与DNA复制的酶。但是，在14种已知的人体DNA聚合酶中，只有4种能较为精确地参与DNA的复制，其余的则比较马虎，它们经常会造成DNA复制的错误，大概每100个碱基中会有一个碱基出错。

为什么没有辞退这些马虎的"员工"呢？"进化大师"自有它的道理。一般来讲，在正常的DNA复制过程中，精确度高的DNA聚合酶能够确保DNA复制的准确率。但是，有时碱基也会受到损伤，一旦受损，这些碱基的形状就会发生改变。如果这些损伤在DNA复制前得不到修复，那么精确度高的DNA聚合酶就会因为无法识别它们而中断复制工作，细胞死亡的风险就会加大。相反，许多工作马虎的DNA聚合酶碰到这种情况的时候，为了确保复制工作得以继续，它们会忽视这些受损碱基。当然，这些马虎的"员工"也会在未受损的碱基中造成错误的碱基配对。这样一来，基因突变的概率也就相应提高了。应该说，高的基因突变率是我们为了保证生存所付出的代价。

有时，基因突变也会给我们带来好处。比如，一些基因突变可促使免疫系统形成新的抗体，从而挽救人的生命；还有一些细菌，当它们遇到恶劣环境时，就会转向使用马虎的DNA聚合酶，期望通过基因突变帮助群体中的一些成员生存下来。但是，大多数的基因突变危害很大。科学家们正在考虑是否可以在特定条件下使这些马虎的DNA聚合酶失活，减少因它们造成基因突变而

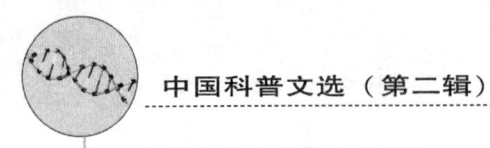

使人罹患癌症等疾病的风险。

结论：复制 DNA 时的一个小差错，会加大人们罹患癌症以及后代出现遗传性疾病的风险。有时，一些基因突变随着时间的推移，会由有害变得稍微有益，这就要考验我们所能承受这种有害的基因突变的耐力了。

变异的染色体

人类的染色体在遗传给下一代时有时会出现某些结构上的变异，比如，染色体上某个片段缺失，某个片段重复，某个片段作180度的颠倒。这种染色体结构上的变异会使我们易于罹患某些疾病。在卵细胞和精子产生的过程中，同源染色体并排配对，并且会发生交换。有时，染色体发生错误配对，从而导致有的染色体上的某个片段重复，或某个片段缺失。如果这个重复的片段刚好包含某些基因的话，就会造成这些基因的拷贝数量过多或过少。

然而，这也不全是坏事。例如，当某个基因拷贝数量过多时，多出来的拷贝可为生命进化出新功能提供原材料。因为在一条拷贝维持原有正常功能的同时，多余的拷贝就有了自由变异产生新功能的可能。研究发现，与其他哺乳动物相比，灵长类动物拥有的多拷贝基因数量尤其庞大，其中又以人类与黑猩猩拥有的为最多。

结论：染色体的结构变异会增大人类后代罹患某些疾病的机会。但是，另一方面它也推动了进化的多样性。

带盲点的眼睛

人类的眼睛看起来是如此的复杂和完美，但是，它却存在生理盲点。因为视神经从眼后部的视网膜穿出眼球，导致这个部

位缺乏感光细胞，即使有光照到上面，也不会产生光感。

但是，人类也拥有良好的弥补调节机制。人类眼睛的视网膜上进化出一个浅黄色区域，称为黄斑区；其中央有一小凹，称为中央凹。中央凹是视觉最敏感的区域。人眼主要通过黄斑区收集物体反射的光线，这样就掩盖了生理盲点的存在。

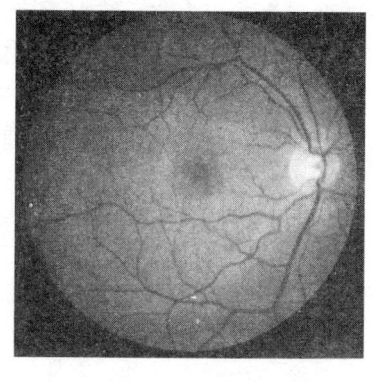

带盲点的眼睛

结论：尽管"进化大师"对带盲点的眼睛做了很好的修补，但是它还是有失误。

半自主的线粒体

人体细胞内普遍存在着一种被称为线粒体的细胞器，它可以通过"燃烧"糖为细胞提供能量。但是，这一过程又会产生对人体具有破坏作用的自由基。线粒体并非是存放基因的稳妥之处，但偏偏就有13个负责制造线粒体蛋白的基因把家安在了这里。这实在是一个重大的设计缺陷。

线粒体里面之所以会有基因，是"进化大师"的安排。关于线粒体的起源目前有两种说法，其中之一是"内共生起源学说"。它认为，线粒体曾是一种细菌，后来被真核细胞的祖先——一种巨大的具有吞噬能力的古核生物，作为食物吞噬进体内。但是，古核生物并没有将这种细菌消化分解掉，而是与之建立起一种互惠的共生关系。随着时间的推移，这种细菌的一些基因或者丢失，或者进入古核细胞的细胞核，自己则慢慢演化成古核细胞的一种细胞器——线粒体，同时保留了13个基因。有研究发现，人体的衰老以及许多与衰老有关的疾病都与线粒体基因

的变异有关。为此,致力于抗衰老研究的科学家们正在想办法将这些基因转移到更安全的细胞核内。

结论:如果你想进一步改造人体,那么线粒体是除细胞核之外你可以放置 DNA 的最后选择。

进化失误黑名单

女性的盆骨:盆骨使人类适应直立行走,但却使女性在分娩时面临更大的危险。

线性染色体:线性染色体的末端会随着细胞的分裂而变短,此类现象在环状染色体上就不会发生。

智齿:大多数人的口腔太小,没有智齿的容身之处。

古洛糖酸内酯氧化酶:人类缺少古洛糖酸内酯氧化酶,自身不能制造维生素 C,只能从膳食中补充,否则会出现坏血病。

阑尾:阑尾没多大作用,但是,一旦受到感染可能令你丧命。

气管与食管:气管和食管靠得太近,容易导致人窒息死亡。

易受损的脑细胞:短时间的缺氧会造成人脑永久性的损伤,而有些鲨鱼即使缺氧一个多小时也能存活。

齿状突:人的颈椎齿状突极易发生骨折,造成脑干受损。

双足:人依靠双足行走,将大部分体重都压在脆弱的踝关节上,这使人容易摔跤受伤。

脆弱的心脏:心脏的一点小损伤会引发一系列灾难性后果,给人体带来长久的伤害。

《科学画报》2008(5)

中国科普文选（第二辑）

生命探秘

认识自己

RENSHI ZIJI

前　中央前回　后

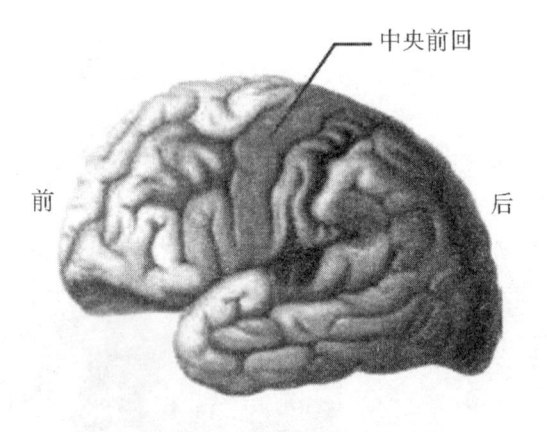

人的大脑左半球外侧面示中央前回

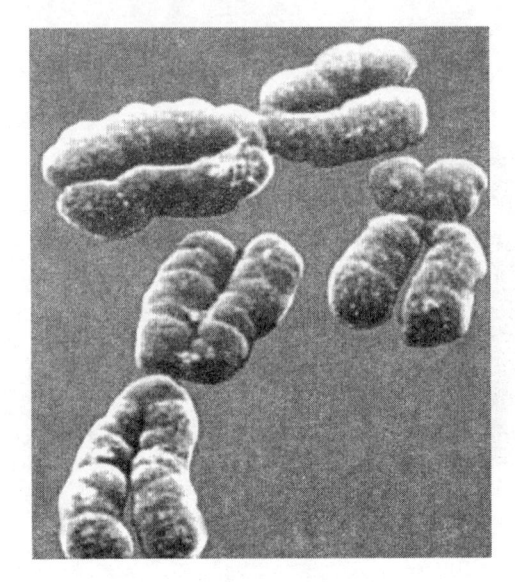

人类染色体

人能活多久

陈 冰

人能活多久？虽然每个人都知道自己难免一死。

科学已经成功地延长了人类的平均寿命。但令人遗憾的是，所有的努力延长的只是人鸡皮鹤发的那段时光。而令科学家和每个人感到挫败的是，尽管人的平均寿命得到了延长，但人的绝对寿命仍然被钉死在130岁这个大限上。数千年过去了，这个纪录仍然未被打破。吉尼斯世界纪录最长寿的人是116岁，活过100岁的人有不少，但突破120岁这个坎似乎异乎寻常的艰难。

然而，就在不久前，英国和俄国的科学家提出人是可以活到1000岁的。持这种观点的科学家主张，人是一项工程，通过对这个工程不断地修修补补——大到器官小到细胞——替换掉身体上对应的已经坏掉的部分，在这种缝缝补补中，人可以一直活上1000年。

得出答案的思路，与现在的器官移植没有太多的不同，都是选用一个新器官或部件来替换坏掉的器官或部件。这个新器官或部件是来自他人、人工制造、自身干细胞分化得到，或是克隆出来的都无关紧要。

抛开多如牛毛的有待解决的技术问题，依靠不断地更换身体部件来延长寿命的方法，理论上看起来似乎是可行的。但笔者不知道一位活了几百年，更换过无数个部件的人在审视自己时，是否会产生一股股莫名的阵痛？在身体缺少一种内在的连续性和完

整性，所引发的协议障碍又该如何解决？甚至，在这种异步更换的情况下，会不会由于影响到进化的同步性，从而导致更加不可预期的问题——你的身体的每个补丁都在进化成独立的生物？我不知道！但科学的每次进步所带来的问题，几乎同它所解决的问题一样多，甚至更多！

先将能否活到1000岁的问题搁到一边，让我们来看看为什么没有人活过130岁。人由细胞构成，如果绝大部分的细胞都死了，人必然活不了。人的胚胎成纤维细胞的平均分裂周期为2.4年，一生只能分裂约50次，由此可以推算出人的自然寿命约为$2.4 \times 50 = 120$年。

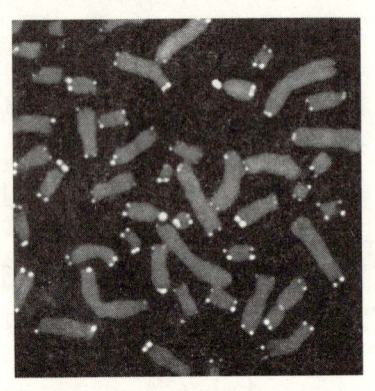

让人感到郁闷的是为什么细胞分裂50次后就不再分裂了呢？答案出乎意料的合情合理：细胞中的染色体的使用寿命到期了。染色体是耐用品，但它仍然存在使用期限的问题。染色体的两端有一组特化的DNA序列，其编码为TTAGGG，重复很多次。这组特化的DNA序列被称为端粒（telomere）。

染色体

端粒的作用就像染色体两端的保护套。染色体的本性是"黏糊糊"的，缺少了这个保护套，染色体很容易互相粘连在一起，发生端融合、降解、重排或丢失。端粒的特化使得端粒不再具有黏性，从而杜绝了这些令人不安的问题，保护了染色体。

遗憾的是，这么好用的端粒我们却不能一直拥有，端粒是有使用次数限制的。当细胞每次分裂时，就会把染色体上的端粒磨损掉一点，大约磨去150到200bit。完整的端粒大约有10000到15000bit。因此，分裂大约50次后，端粒的磨损就会达到一个阈值。尽管此时端粒还没有完全磨光，但剩余的一点端粒已不足以维持染色体的稳定性。为了保护基因的完整，阻止细胞进一步分裂的信号便会发出——此时细胞就不再分裂，而走向死亡。死亡前细胞可能会肿胀变大，类似恒星走向毁灭前会变为红巨星那样。

幸运的是，遗憾的同时，我们似乎也看到了希望。如果在端粒的磨损达到临界值之前，再补充上一些端粒，那是不是就可以使细胞一直分裂下去？如果细胞能一直分裂下去，人是不是就可以继续甚至永久地活下去？没错，的确是这样的。既然我们已经知道了端粒的编码，那么，找到一种方法来把同样的编码追加到染色体剩余的端粒上，应该不是件不可能做到的事情吧？答案是肯定的。事实上，这种方法一直就存在，这就是端粒酶。

端粒酶是一种 RNA 和蛋白质的复合体。它可以以自身 RNA 上的一个片段作为模版，通过逆转录合成端粒重复序列，并将这些新出炉的热乎乎的小端粒追加到染色体剩余的端粒上——从而延长端粒。初始可能让你感到郁闷困惑的一件事情是，这种颇有创意且很有作为的端粒酶的基因表达，在人的细胞中通常是处于关闭状态的，简单地说就是细胞中的端粒酶被禁用了！不过，在我们彻底搞清楚并能有效控制它之前，还是关闭着好。因为一些不幸的人们成功地在他们的一部分细胞中，激活了端粒酶基因，使他们身体的一部分变成了永生的——医生们把这些细胞叫作癌细胞。

事实上，真正的端粒是由特化的 DNA 重复序列和端粒结合蛋白所构成的一种核蛋白复合体。目前已经发现的端粒结合蛋白有很多种，其中与端粒的缩长关系密切的是 TRF1 和 Tankyrase。它们是矛盾的一对。TRF1 的作用是通过死死地趴在染色体的端区，使端粒酶即使被激活，也难以接触到染色体的端区，从而妨碍端粒酶的作用。因此，端粒酶要想修复和延伸端粒，就必须先使 TRF1 从端区脱落下来。Tankyrase（端锚聚合酶）就是干这事

的。Tankyrase 的羧基（有机化合物中含碳、氧、氢的基 – COOH 被称为羧基）端的催化区可以把 TRF1 从端区催化下来，给端粒酶的端粒追加工作扫清障碍。癌细胞就是在 TRF1 和 Tankyrase 的周旋下，维持了端粒长度的稳定而使自己成为永生。

其实，站在癌细胞的角度考虑一下，一个细胞能变成癌细胞而且真正能得以增殖起来，也确非易事。因为我们的身体中遍布大量的监视、预警和绞杀机制，会随时将癌变的细胞杀死。

顺便说一下，尽管 95% 的癌细胞都是靠激活端粒酶来补充端粒的，但也有很小一部分癌细胞中并没有激活端粒酶。这些另类的癌细胞靠一种被称为 ALT 的东西来延长端粒，所谓 ALT，其实就是 Alternative mechanism for Lengthening Telomeres（延长端粒的另一种机制）的缩写。之所以给了这么个不成体统的名字，是因为我们目前还搞不清楚这个 ALT 到底是种什么东西，所以姑且这样叫它。

尽管端粒酶在身体中的错误激活会导致癌的发生，但人体中也确有一部分细胞，一直在严格的监控下节制地使用着端粒酶，这就是生殖细胞和造血干细胞。红细胞的寿命太短，而且身体受伤失血的情况是很多的（尤其是在原始人所处的那种以武力解决问题的年代），因此，造血干细胞需要保持端粒酶体的高度活性，以便源源不断地生产出新的红细胞，供身体使用和取代死亡的红细胞；生殖细胞激活端粒酶是因为要尽可能繁衍出更多后代的需要。以精子为例，它是由精原细胞经过几次分裂发育得到的，而作为雄性，精子的消耗量毫无疑问是很大的。为了使尽可能多的雌性——理想情况是使本物种内所有的雌性——怀上自己的后代，保证弹药的充足是理所当然的事情。在这种情况下，精原细胞就需要具备不断分裂的能力，为了抵消端粒疯狂的磨损，端粒酶的激活就是必须的了。当然，端粒酶是强大而难以驾驭的东西，不过一些落后的原始种族却已经使用了它很久——单细胞生物就是靠吃端粒酶活过这几十亿年的。单细胞生物是永生的，它从不死亡，而是永远地分裂下去，它在分裂中得到永生。人类要想完全控制端粒酶的作用，其难度不亚于受控核聚变，毫无疑问还需要很多年的努力，估计会耗尽相当数量一批科学家的一生。

前面说过了，控制了端粒酶可以让我们永生，但永生后的我们可能会发生很大的变化。怎么说呢，那可能变得不再是我们自己了。我们现在只能活120岁，从某种意义上说是自然对我们这个物种的保护。当然，实际情况只是自私的基因考虑各方利弊后一个妥协的结果。我们知道，变异经常是由于DNA复制时的抄写错误导致的。每次细胞分裂时都伴随着染色体中DNA的复制。尽管我们的人体中有各种机制来检测和防止DNA的复制错误，将错误率降到三十亿分之一。但由于我们的DNA编码实在是太长太长，因此，每次复制不可避免会出现一些复制错误，数量可能会达到200个之多。不过由于基因的编码，只占所有DNA编码中很少的一部分，因此，绝大部分的复制错误都落在了非基因区，对人没有影响——但仍然可能会有个别复制错误落到基因上而产生变异。但随着细胞的每次分裂，基因出现复制错误的可能性也会越来越大，错误落在重要基因上的可能性自然也会越来越大。生育越晚，生殖细胞经过的分裂次数就越多，积累起来的复制错误就越多。试想，当人活了几百岁后再生孩子，你能想象生出来的孩子会是什么样子吗？或许该问生出来的是一种什么生物更为准确。

阻止早该发出的停止分裂的指令，可着劲地活下去，必然会导致细胞中的染色体积累起过多的复制错误。我不知道在这种情况下人会变成什么东西，真的难以想象。

得出这么个答案多少令人沮丧。不过如果我们能延长每代细胞的寿命（即延长细胞的分裂周期），在不增加分裂次数的情况下，倒也可以很大程度上延长人的寿命。我们身体中的神经细胞，比如脑细胞在人出生两年后就不再分裂，一直活着，其寿命

· 141 ·

和我们的生命一样长，原因是脑细胞有疯狂的代谢速度，每个小脑细胞平均不到一个月，就将其包括细胞器和膜结构的全部组成成分更新一遍。脑细胞靠高代谢保持着青春与活力，提高细胞的代谢速度，让每个细胞活得更长一些，也许可作为延长寿命的思路之一。

　　人类科学的进步和信息爆炸，会推动人向寿命更长的方向进化。因为每一子代为了在社会上生存所要学习的知识会越来越多。现在大多数人必须通过至少十几年的学习，才能掌握基本的知识，这在原始社会是不可想象的事情，原始人学会磨石斧、投掷长矛、捕捉野兽花不了多长时间。设想一下再过5000年，人类将积累起数量惊人的知识，人必须进化出更长的生命来应付漫长的学习。每个人要在社会上立足，光花费在学习上的时间可能就要100年。那个时候，人类的寿命很可能会达到200岁，可能会进化出新的DNA复制纠错机制来支持端粒的延长，可能细胞代谢速度会加快从而活得更久，也可能——真的会变成另一种生物，也未可知。

中国科普文选（第二辑）

我们的身体为何有瑕疵

陈 冰

认识自己

　　人体设计之高明，已经远远超出了人类文明已经达到的程度。在我们引以为自豪的大脑皮质中，思维是通过神经网络来实现的。神经网络由大约60亿个"神经元"组成，包含着数不清的连接。这些神经元排成6层，每层都有100多万列；而每一列又有约1000个细胞。如此完美的设计，所产生的作用大于其各部分之总和，以致产生了"自我意识"。

　　单从性能上看，大脑能把生活中经历的点点滴滴编码记忆存储在细胞构成的存储器中。任何时候只要需要，就会在不到1秒的时间内检索出来！不仅如此，大脑在思考一件事情的同时，还在"同时"处理着许多其他事情。我们可以一心两用，边看电视边听音乐。

　　然而人体里虽有数千个令人感叹的精美之品，但同时也存在一些类似铁皮加铆钉的粗疏之作，有些甚至看起来是不可饶恕的！

近视，让至少有 1/4 的人饱受其苦，而摆脱不了眼镜这个累赘，除非大着胆子去动手术。像眼睛这样高档的摄像机造物主都设计出来了，却为何不能再配备一只小巧的生物眼镜以便我们需要时，在眼睛中自动地"架上"？

庞大而复杂的血管网络系统能够将养分精确地输送到全身10万亿个细胞中的每一个细胞，却会忘记清扫沉积在动脉壁上的胆固醇，结果使血流不畅，引发心肌梗死等诸多疾病。所有这些有缺陷的设计，给人的感觉就像是上帝麾下的那些最高明的设计师，在星期天把事情交给了一个马虎草率的徒弟。

难道这就是事情的本来面目？大自然这样的旷世大师不可能留下如此多的败笔。这些看似不合理的有缺陷的设计，一定会有一个合理的解释。

为什么断掉的手指不能再生，而只能愈合呢？这有两个可能的原因：第一，自然选择无法精确地将极少数几个拥有断指再生能力的原始人选择出来。一个拥有10根手指和一个拥有9根手指的原始人，在各方面都差别不大。换句话说，在自然选择面前，一个拥有10根手指和一个拥有9根手指的原始人的生存机会是相等的，这就使得断指再生能力的基因，很难被选择出来，因此也就无法被保存下来。第二，如若具备这种断指再生能力，那可能要付出很高的代价，再生能力不可避免地要涉及细胞的分裂，而允许细胞分裂将会增加得癌症的风险。精确地控制细胞分裂的难度极高，一旦控制出现了差错，某个细胞的分裂在该停止的时候没有停止，而是继续生长，就会发展成肿瘤。权衡利弊，自然选择淘汰了这种过度的尽管是有用的再生能力。

当自然选择不可能在各方面都照顾周全时，它就会权衡利弊，最终选择一个折中方案，这是一个高度优化的折中方案。认识到了这一点，很多看似不能解释的事情就能有一个满意的答案。为什么我们的骨骼是空心的，而空心的骨骼更易被折断？原因是实心的骨骼会更沉重，使行动更迟缓，这对以狩猎为生的原

始人是致命的，他将无法逃脱猛兽追逐，也无法追上自己要捕获的佳肴；且实心骨骼将使体重增加，进而需要消耗更多的食物，这对时刻处于食物短缺危机之中的原始人是不利的。

胃酸对于我们消化食物而言，看起来是过于酸了，减低胃酸不仅不会影响消化，还会减少胃溃疡的发生。胃酸不仅用于消化食物，还用于杀灭细菌和病毒，在卫生条件得不到保证的石器时代，更彻底地杀灭细菌和病毒是至关重要的。推想一下，以腐肉为三餐的秃鹫，其胃酸甚至能够溶化铁钉，那么这个问题也就不难理解了，自然选择绝不会对身体的某个部位设计超标，因为那样做是不值得的。"过度"设计不仅不会发生且要努力避免，因为"过度"的设计总是伴随着高成本。如果人类某个个体变异而出现了"超标"，那么这些"超标"设计的变异，也会在一段时间后被自然选择所剔除，因为把身体的某个部分设计得比其他部分更耐用并无意义，当整个生物个体死亡时，那些还完好无损的部分也将随之变得毫无价值。

人类的进化也始终遭受着病菌的侵袭。我们与病原微生物之间的战争已经持续了数百万年，在付出了惨痛代价之后，天花、脊髓灰质炎等病原体已消失无踪。但仍还有些古老的病毒，例如流感病毒，通过不断地变异始终能给我们以伤害。病毒的优势是能快速地变异。五千年的中华文明只不过进化了二百代，而病毒一周就可以进化二百代，这使得我们与病原微生物之间的竞争变得非常不公平。由于我们不能进化得足够快，以致人永远无法逃脱病毒的追杀。

此外，由于缺乏精确的控制机制，一些病毒在繁殖时还会经常出现各种差错，而这些错误在对付人类时，却变成了优势——人的免疫系统可能无法识别这些有缺陷的病毒。

好在我们的优势，是有一个庞大的"化学武器兵工厂"。这家名为"免疫系统"的"兵工厂"，是一家有着数百万年历史的"老字号"。它从远古时期就一直不间歇地与各种病原微生物作

战，它已经开发出数量众多的"武器系统"，刚好勉强能够抵消病原微生物巨大的进化优势。

由于环境的不断变化，人体与环境的适应总处在时间差的滞后段上。在还没有给自然选择以足够多的充裕时间准备时，空调、空气污染、各种电磁辐射、油腻的食物蜂拥而至，那么许多现代病的发生就不可避免了。

回望已经流逝的数百万年的时间，自然选择不屈不挠地对人体不间断地小修小补。所有能够完美的地方都完美了，所有必须妥协的地方都做出了最小的让步。强大的免疫系统让我们免受外来病原体的侵害，但也会带来患类风湿性关节炎的风险。为了保证必要的组织自我修复的能力，我们甚至付出了可能会启动癌症的代价，但所有这些就是最佳的解决方案了。明白了这些，我们就可以从容地面对明天，期待下一个微小却立竿见影的进化！

人体真有"退化无用"的器官吗

石城客

欧洲文艺复兴时期杰出的人体解剖学家与画家达·芬奇这样说道:"人体是大自然中最完美的事物。"然而有些后来人声称,人体并非无懈可击,它的许多器官已经退化无用;有的不仅多余,还有害健康。

难以置信的"无用"器官说

人身上的器官众多,它们各尽其职地在努力工作着:眼可视物,耳可听声,心主血脉,肺司呼吸……脑则是"神明之府",是指挥全身活动的"司令部"。从某种意义上说,人体相当于一部由这样那样的器官零件"装配"而成的机器。正是由于各器官的精细组合和协调工作,才使我们成为会思想、能活动的人,所以不少科学家先后提出了"动物是机器"、"人即机器"的论说。当然,人体无疑是部独一无二、特别精巧的"机器"。

如果将人体视作一部精巧完美的"机器",那么这部"机器"上的所有"部件"——大小不等的器官,肯定都有各自的功能。但是,事实如何呢?人们不是常说,阑尾、扁桃体、体毛等等是退化无用的器官吗?

在《人类的由来》一书的开头,达尔文列举了12处人类退

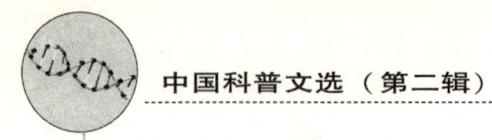

化器官的解剖学特征，认为它们最能说明自然淘汰。用进废退，是他创立的生物进化理论的有力证据。他抑制不住内心的喜悦，将这些特征称为"无用的或近乎无用的，因此不再受自然选择的支配"。达尔文列举的人类"退化器官"包括体毛、智齿和尾骨等。

2005年夏季，美国生活科学网站再度列举了那些确实存在但却"毫无用处"的生物十大器官，人类的毛发、尾骨、智齿、阑尾，以及男人的乳腺组织和乳头位列其中。美国一家以"科学打假"著称的华人网站最近也刊文说："我们人类，已经退化了的器官也不少，尾骨、转耳肌、阑尾、瞬膜（第三眼睑）等等都是完全退化、不起作用的器官，它们除了让我们记住我们的祖先曾经像猴子一样有尾巴，像兔子一样转动耳朵，像草食动物一样有发达的盲肠，像青蛙一样眨眼睛，还能有别的什么合理解释吗？"

诚然，从理论上说，人切除了阑尾或扁桃体，少了智齿或毛发同样可以生存，但据此说它们就是无用之物，值得探讨。我们都有两肺、两肾，事实上一肺一肾就能维持正常的工作与生活；女性如果只有一侧卵巢或男性只有一侧睾丸，同样能完成传宗接代的任务。但我们不能据此认为，人体有了多余的肺、肾、卵巢或睾丸。毕竟，大自然如此安排，自有它的道理。

那么，人体上有多少"退化无用"的器官呢？据说多达二十几种，其中包括脾脏、小脚趾、梨鼻器、达尔文点、掌长肌、立毛肌及所谓的"男性子宫"，"女性输精管"等等，常被提及的"退化无用器官"则有阑尾、扁桃体、胸腺、松果体、智齿、男性乳房、尾骨与体毛。且不论人体是否有"男性子宫"与"女性输精管"这样的器官，这里姑且把常被提及的几种"退化无用"器官简要评述一下。

扁桃体是咽喉的卫士

人一张开嘴,在小舌头(悬雍垂)的两边,就可以看到模样像扁桃的东西,这就是大家耳熟能详的扁桃体。多少年来,学者们一直在争论扁桃体的作用问题。

一种观点是:扁桃体是退化无用之物,它又位于细菌出没的咽喉要道,成了"细菌窝",对健康不利。所以主张一发炎就作切除手术,甚至不发炎也干脆把它割除,以防因发炎而引发心、肾、胆、关节及邻近器官的疾病。在20世纪70年代,至少有半数咽喉发炎的儿童会被医生摘去扁桃体。

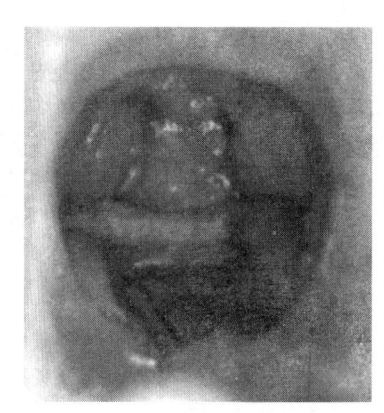

扁桃体

另一种看法则认为,扁桃体是重要的免疫器官,能产生淋巴细胞,这些淋巴细胞进入血液后,能杀灭细菌和增强身体的抵抗力,包括抗癌能力。它还可以中和、消灭许多微生物的毒素等。认为动不动就切除扁桃体,是"现代医学中的错误"。

时至今日,恐怕只有极少数人在坚持扁桃体是无用、无益且有害的假说了吧。

当然,如果确属必要,扁桃体仍是应该被摘除的。美国医学家在经过11年的研究后提出如下观点:嗓子经常严重发炎的孩子,还是把扁桃体摘除为好。所谓"经常",是指嗓子每年发炎7次以上;所谓"严重",是指因病影响了到校学习。我国的医学专家则主张:扁桃体每年有5次以上的发炎,并且连续两三年这样,那就该把它摘除了。

胸腺可增强免疫力

欧美人喜欢品尝小牛的"颈部腺",把它视作美味佳肴,并冠以"甜肉"的美名。这个部位,科学家给它的正式称号叫胸腺。

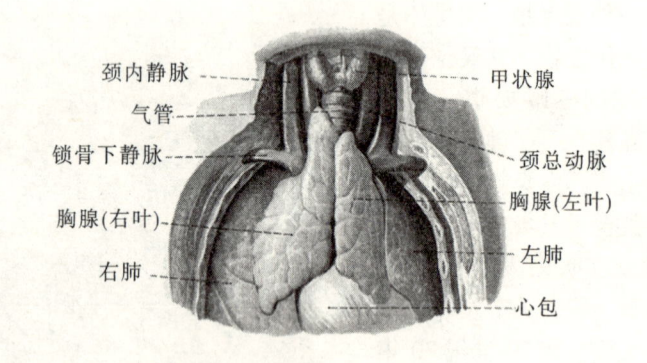

胸腺的位置

现在知道,胸腺是重要的免疫器官。从小牛的胸腺中分离出来的胸腺素,曾于1974年首次用来治疗有免疫缺陷的儿童。而在上世纪60年代以前,人们一直以为它如同阑尾一样,是进化过程中退化残余之物,是个无用的器官哩。

胸腺在幼年时期非常发达,青春发育期后开始缩小,到了花甲或古稀之年,就由昔日的核桃大变为花生米大以至更小了,80岁以后几乎完全消失。科学家认为,人的衰老乃至死亡,可能与胸腺功能的大幅度减退有关。

1996年初,德国、美国同时出现了"储寿银行",就是将20岁左右者的胸腺细胞取出一部分使之冷藏,待自己五六十岁以后,再将这些储存的胸腺细胞解冻并输回自己的体内。这样一来,人就能够重新获得青春活力,并有望通向"天年之路"了。

这种做法，谓之"储寿"。德、美两国首开"储寿"户头的都是年轻女子，她们已被科学家看作是"21世纪以后最长寿的人"。是否如此，人们只能等着瞧了。

阑尾可以抵御病菌

在今日的港台地区，大家仍习惯性地将阑尾炎称作"盲肠炎"。盲肠位于身体的右下腹的大小肠交界处的下面，阑尾在盲肠末端，与盲肠相通。它们由于相同、相邻，往日人们就误把阑尾也当成盲肠了。

阑尾长约5～7厘米，比盲肠小得多。它状似蚯蚓，且突出于肠子外边，所以又名"蚓突"。

多少年来，不少人把阑尾看作是退化无用之物，加之阑尾发炎有可能置人于死地，故主张有病就割除，没病也可割除。但是当代科学家对阑尾的看法在若干年前已有变化：大肠的这段"多余"部分于身体是非常有益的。研究表明，阑尾本身有丰富的淋巴组织，它能分泌免疫物质，可以杀死会引起腹腔疾病的细菌，更能增强人体对癌症的抵抗力。尸体解剖发现，已被切除阑尾的人，得肠癌的几率要比没切除者高40%；得其他癌症而死的，也是被切除阑尾的人比例高。阑尾的免疫能力约在12～30岁时达到高峰，60岁以后逐渐消失。人们由此推测，老年人的癌症增多，大概与机体免疫力下降，包括阑尾功能消失有关。

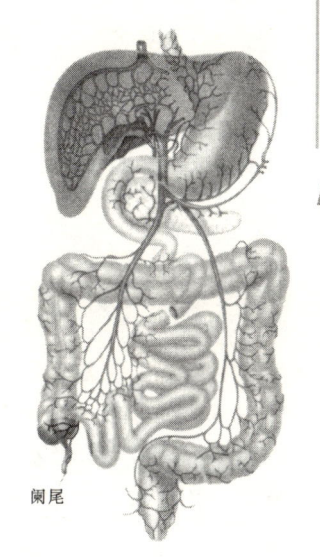

阑尾

因为对阑尾的作用有了新的认识，而今医生对发炎阑尾都努力使用消炎药处理，只有当可能引起腹膜炎时才动手术将它摘除。

松果体奇妙而神秘

在我们头顶正中的深处，有一个豌豆般大小的东西，形似松子，名为松果体。

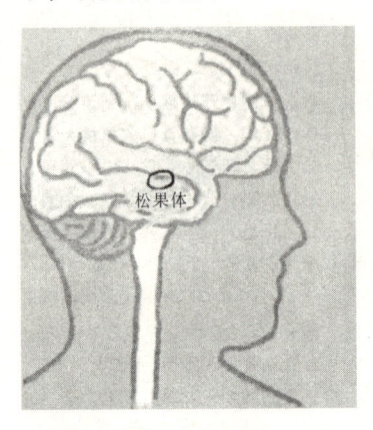

由于松果体位于前后脑的关键部位，古人就认为它是座"智慧库"，或说它是"灵魂所在之地"，不过学术界在一段时间内却认为它是退化无用的器官。20世纪初，瑞典的解剖学家从一些动物的松果体内发现了具有对光敏感的结构，于是它有了"第三只眼"的说法。现在，俄罗斯科学家声称，人类胎儿在早期确有第三只眼，但随着胎儿成长，这只眼逐步消失，并演变成了松果体。只有极少数人在十分特殊而罕见的情况下，眼睛才真正形成。美国一位女老师在后脑部就生有第三只眼，她一直用头发遮掩它，几年前才被人发现。她承认："在许多方面这只眼睛非常有用。"

进一步的研究表明，松果体有抑制生殖和防止性早熟的功能，还有促进睡眠与降血糖、防肿瘤的作用。

看，松果体是何等奇妙而神秘！

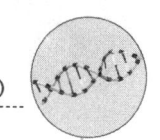

智齿也非"鸡肋"

人到 20 岁左右,嘴里牙列最靠后部位的一颗大牙才开始长出来,少数人甚至要到 25 岁或 30 岁才萌出。这上下左右的最后 4 颗大牙,医学上叫做第三磨牙,按习惯也可说它是"尽根牙"。

由于第三磨牙要在人的青春期生出来,此时人的生理和心理接近成熟,一般看作是智慧来到的象征,故也称作"智齿"。传说古时的武成王萌生这颗牙时,大臣们拜贺曰:"此是智牙,生此牙者聪明长寿。"可见,1000 多年前人们就把这位迟到的牙弟弟与"智慧"挂上钩了。这种说法当然是没有根据的。

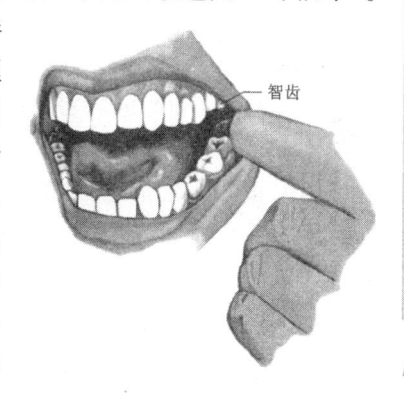

据说,人类"远祖"都是有智齿的,但现代人不长智齿的已达 20%~25%,原因是现代人的容貌已与几十万年前的"祖先"大不相同,目前的牙槽已很难容纳智齿的存在了。

在几千年前,一个年纪在 18 岁左右的人有几颗牙齿或大部分牙齿脱落是件很平常的事,而这个时候刚刚长出来的智齿就会发生作用。而现在的情况大不一样,现代人有刷牙的习惯,牙齿寿命大大延长,更何况,我们如今的食物也很精细,牙齿咀嚼起来已不必太费劲,有无智齿似已无关紧要了。

很多牙科专家认为,将智齿归入无用的"鸡肋",为时尚早。打个比方吧,树木长期被风吹雨打,总会出现一些歪斜,这时如果有木桩将其固定,那么树木就可以继续保持直立。智齿就是固定其他牙齿的"木桩",它们在两边一夹,我们的其他牙齿就不容易松动了。

男性乳房也有"用"

人类归属哺乳动物，婴儿得靠乳汁哺养成长。

乳汁来自乳房。女子当青春期到来时，乳腺便开始发育，乳房也跟着隆起了。怀孕以后，乳房就忙着为未来的小宝宝准备"食粮"。待到胎盘娩出，乳腺就有分泌物外溢，小宝宝也就能饱吮甜美的乳汁了。大家知道，只有女性才能哺乳。

相比之下，男性的乳房发育不全，人们早已认为它是退化无用的器官。

男人和女人之所以都有乳头，是因为在胎儿发育的早期并没有性征，只有到了胎儿发育后期，睾丸激素才导致胎儿有了性别，而这个时候，乳头已经发育成形了。所以，男女乳房大小之差，其实仅仅是两性差异而已，与"退化"一说压根儿扯不到一块。

不过，若说男性乳房完全无用，恐怕也不太确切。譬如，不少男性的乳房被刺激后，会与女性一样有性兴奋的感觉，这说明它是"有用"的。

最惊奇的是，在特殊情况下男性也能哺乳。1980年2月20日，国外一家著名通讯社曾向世界报道：一个婴儿时期常常吮吸他父亲乳汁的女孩，长得比她同龄的其他孩子高大。我国宋人编写的《鸡肋编》里记载，后汉一个名叫李善的男子，用自己的乳汁哺养过主人遗留下的唯一孤儿；又说唐朝的男子元德秀，在兄嫂早亡后曾"自乳"幼小的侄儿。1986年的媒体报道，湖南一位65岁的老汉，在儿媳均亡、家境困难的情况下，只好让嗷嗷待哺的孙子吸吮自己的乳头"解馋"，后来居然真的分泌出了乳汁，自此让孩子吃奶到10岁才停止。

上述事实告诉我们，男性乳房还有"潜在功能"可供开发哩。

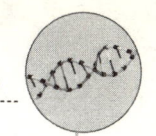

无用的尾巴与有用的尾骨

人类是没有尾巴的,但因为我们是从"有尾动物"进化而来,所以有时也可能"返祖"一回长出尾巴来。虽然而今有人对此说提出异议,可世界上确有长尾巴的人。

清代有本叫做《述异记》的书上写道:康熙年间,北京有个小儿,"尾长三四寸,软而无毛"。

1848年,德国也报道过,说有个男孩长有10厘米长的尾巴。

1959年,我国沈阳某医院曾经成功地为一个6个月大的孩子切除了长约12厘米的尾巴。其后,云南、江苏、湖南、湖北等地相继发现过有尾巴的人。

巴西有个妇女,在1978年生下了一个尾长20厘米的孩子。

在印度,有个两岁孩子的尾巴已有100厘米长。

宋代的《夷坚志》书中,说临安(今杭州)米市桥旁一个卖豆豉的人,竟然"尾巴四尺余"。因为尾巴太长,他平日只好把它像裤带那样地缠在腰间,还常常被小孩子追逐着要看一眼这稀奇的东西。

动物的尾巴有着这样那样的功能,人类的尾巴已被证明没有用处。于是,学界人士进一步认为,尾骨也是多余无用的;达尔文更用"多余的尾骨"来证明人是源于长着尾巴的动物。

其实,尾骨也是人体的一个重要零件,研究表明,这小小的一节骨头是帮助内脏保持在必要位置的盆腔肌的支点。如将

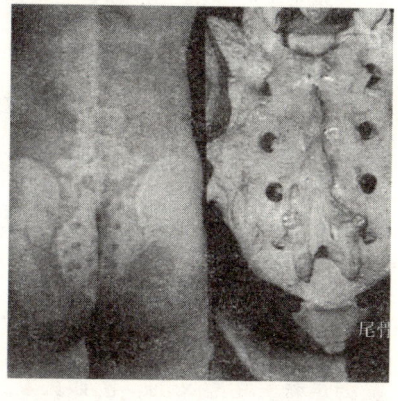

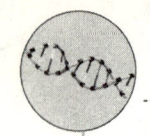

"退化无用"的尾骨割除，则有一半以上的人会出现内脏器官下垂或者发生脊椎方面的问题。

"脱毛"动物与有毛动物

到动物园去看一看就会知道，无论是飞禽还是走兽，它们的身上几乎都覆盖着一层厚实的毛，连人类的近亲猩猩们也无不是毛茸茸的。相比之下，人类可看作是种"脱毛动物"。"有毛"与"脱毛"，虽只一字之差，意义却非同凡响。

专家们曾为"人类为什么没有皮毛"这一点争论不休，并提出过种种解释。新的观点认为，皮肤在脱去厚毛之后变成了一个巨大的感受器，可以更好地从外界接受到冷、热、痒、痛、触、压等大量信息，这是促进大脑充分发展的因素之一。因此，"脱毛"是人成为具有创造能力的社会人的又一个生物学条件。

不过，人身上看起来"光秃秃"的皮肤上，仍有或多或少、或粗或细、或软或硬、或长或短的不同体毛，但与有毛动物相比，这些"残余"体毛已无关宏旨，而保留这些"残余"，应该说仍是有一定意义的。例如头发，它具有的弹力与韧性，就像脑壳的一层护垫，在脑袋受到打击时有预防或减轻伤害的作用；头发能散热，天冷时能挡风保暖；它的美容功能也是人所共知的。

又如胡子，它是男性刚健秀美的象征，是"脸上的装饰品"，还被看作是男子"成熟"的一种标志。俄国古代法典规定，如果把别人的胡子拔掉，就要受到被切掉手指的惩罚。

再如眉毛，它可以像堤坝那样挡住从上而下的汗水、雨水，也可以像防护林那样接住落下的灰尘，防止这些东西进入眼中、伤害眼睛。古人说，面之有眉，犹屋之有宇。"宇"就是屋檐，可见古人早就知道眉的护眼作用了。

既然头发、胡子、眉毛都有某些功能，其他体毛"退化无用"的说法也就难以令人信服。

人体器官都不能少

有些研究者指出：人体的"无用"器官不仅是累赘，有时还是祸害，如阑尾发炎可致人死命，等等。但正如前面评述的那样，这样的认识是不全面、不准确的，有抓住一点不及其余之嫌。其实，所谓"无用"与"有用"，首先基于我们是否已真正认识它。对某一器官，我们既要认识它的特定功能，也要认识各器官间有无相互调节与补偿的作用，不宜绝对地就事论事。再说，现在尚未认识或发现某器官的功能，并不等于它真的"没用"。拿松果体来说，它曾经长期被人视为"无用"，现在则证明它作用多多；胸腺一度被认为是引起小儿猝死的原因，现在证明它是非常有用的"免疫之王"。总之，以现有的认识水平，我们只能这样说：人体器官都有这样那样的功能及存在的理由，因此，它们当然一个都不能少。

《自然与人》2006（3，4）

科技之手抚平岁月的皱纹

徐 梅

探索从未停止

从古至今,人们一直在寻找延长寿命的方法。世界上曾经有许多炼丹家企图制造一些能够长生不老的药物。身为帝王,享尽人间荣华富贵,对生命也格外留恋。据传,秦始皇派徐福带数千童男童女入海寻仙,以求不死药。汉武帝晚年筑起承露盘,将承接下来的露水和美玉的碎屑一起服下,以为这样就可以长生不老。西方的不少国王也与中国的那些皇帝一样,一心希望通过炼金术使自己长寿永生。

近代化学的出现使人们对炼金术产生了怀疑,到了17世纪以后,炼金术遭到了批判。但是,人们依然没有放弃延长生命的梦想。1889年,法国生理学家布朗·塞加尔在自己的身上进行了一次实验。他将动物的性腺捣碎,将滤出的汁液注射进自己体内。刚开始的一段时间,他觉得自己真的变年轻了,原本衰老的身体重新充满了活力。但是,没过多久,他的身体状况又恢复原样,甚至衰老得更快。5年后,布朗·塞加尔去世了。

近年来,生物医学飞速发展,人们似乎又看到了用科技手段延长寿命的希望。几年前,美国爱达荷大学的史蒂芬·奥斯塔德断言,2000年出生的人可以活到2150年。他认为,分子生物学和基因工程的进展将使人们不仅能修复衰老破损的器官，而且能进行基因的修补和替换，这为人类长寿奠定了内在基础。同时，由于人的生活方式和健康概念的完善与改进，将可能保证在外因方面推进人的长寿，因此人活 150 岁大有希望。

但是，伊利诺伊大学的杰伊·奥辛斯基并不同意他的观点。在他看来，现在在世的人当中没有一人能够到 2150 年时仍然拥有健康的身体和活跃的大脑功能，甚至极少有人能够在 150 年后仍然在世。两位科学家为此打了一个赌，他们每人拿出 150 美元，放入一笔投资基金中，每年再向其中增加 10 美元。这笔钱利上加利，到 2150 年将变成 5 亿美元。在 2150 年 1 月 1 日，由国际著名的科学组织挑选的 3 名科学家将确定最终的获胜者。如果届时真的有 150 岁的老人存在，奥斯塔德的后人将得到这笔 5 亿美元的赌注。反之，获胜者则是奥辛斯基的后人。如果两个人都没有后裔，这笔钱将捐给大学。

剑桥大学的奥布里·德格雷坚信人类可以战胜衰老。为了鼓励那些帮助人类延缓衰老、延长寿命的科学研究，2003 年，他设立了"玛士撒拉之鼠基金会"，还仿照美国民间的安萨里 X 奖创办了 M（M 即英文"老鼠"的第一个字母）大奖。X 大奖奖励那些在促进载人航天飞行方面取得突破性进展的人，M 大奖则奖励那些采用新技术来延长老鼠寿命的科学家。根据医学理论，能延长啮齿类动物寿命的方法和技术，也将有助于人类延年益寿。

2003 年 11 月，美国南伊利诺伊大学医学院的科学家得到了"玛士撒拉之鼠基金会"发放的 2 万英镑奖金。他成功地将一只老鼠的寿命延长到 5 岁，相当于人类的 150 岁。

"玛士撒拉之鼠基金会"主要依靠个人捐赠。大部分捐赠者属中产阶级，而且大部分也不是学术圈内的人，已经有来自 14 个国家的人加入了捐赠。2005 年 3 月，由于人类基因组科学公司威廉·哈兹尔廷博士的加入，奖金总额突破了 100 万美元。威廉·哈兹尔廷博士因为在人类基因组方面的研究而被誉为"再

人类一直在用科技手段延长寿命

生医学之父",他的加入将促进对衰老的科学研究。哈兹尔廷博士对 M 大奖给予高度评价,称它"激起了公众对再生生物医学的兴趣,激励研究人员在延长老鼠寿命甚至逆转衰老方面展开竞争,是一种革命性的新方法"。

形形色色的人类延寿方法

研究长寿基因

科学家宣称,决定人类寿命的长寿基因位于 4 号染色体上。如果能发明出刺激长寿基因的药物,就能减缓人类衰老的速度。我国的科学家也在进行这方面的研究,他们在对广西巴马的长寿老人进行研究时发现,这些老人的 4 号染色体上可能存在长寿遗传基因。接下来,他们计划用 2~3 年的时间找到这些基因,并且研究它们的具体生理功能。

虽然科学家们还没有对长寿基因有组织、有计划地进行大规模的研究,但是可以看到基因研究已经给人类长寿带来了福音。

美国科学家发现,有一种基因可以让果蝇的生命延长35%,该基因被命名为"玛土撒拉基因"。接着,科学家又在果蝇体内发现了一种新的长寿基因,这种长寿基因可以控制果蝇细胞吸收能量,让果蝇细胞"节食"。这种基因分布在果蝇的两条染色体上,如果只改变一条染色体上的基因,那么果蝇的寿命会延长一倍左右;但如果同时改变两条染色体上的基因,果蝇就会因为过分"节食"而饿死。这种神奇的基因被命名为"我还没死"。

2005年,美国科学家发现了一种名叫Klotho的基因。它是根据希腊神话中负责纺织生命线的命运女神命名的。Klotho基因制造的蛋白质具有防止衰老和延长寿命的作用。科学家在研究基因突变的老鼠时发现,缺失Klotho基因的老鼠和正常的老鼠相比,较早出现衰老症状。他们用基因技术培育出Klotho基因蛋白质含量是正常老鼠2~2.5倍的老鼠,结果发现,这种老鼠的寿命要比正常老鼠长20%~30%。这一发现为抗衰老药物的研制提供了新的途径和契机。

科学家通过转基因方法,在老鼠体内植入人类的过氧化氢酶基因,过氧化氢酶能够消除细胞新陈代谢的副产物过氧化氢。过氧化氢又名"双氧水",它是活跃的强氧化剂,能引起氧化反应,破坏细胞的新陈代谢过程;同时,它又会产生一系列新的氧化性活跃物质即自由基,而自由基对人体的损伤是导致人类寿命变短的重要因素之一。研究发现,基因改造的老鼠,寿命比普通老鼠长20%。如果这项技术将来应用到人类身上,人类平均寿命可能由75岁增至100岁以上。

人工冬眠

美国科学家最新研制出一种人工冬眠技术,将帮助人们实现延长寿命的愿望。据报道,科学家让老鼠吸入氢化硫,之后老鼠慢慢进入冬眠状态,呼吸几乎完全停止,体温从37℃下降到11℃。老鼠处于冬眠状态长达6个小时,然后慢慢苏醒过来,恢

借助科技手段，人类也可以像熊一样冬眠

复了正常的生理功能。

科学家认为，冬眠的功能也许是哺乳动物的一种潜在本能，甚至人类也可能拥有，而科学家所要做的就是打开这个潜在的开关，按照需求进行冬眠状态的转换。

此前，人类冬眠的例子屡见不鲜。曾经有一位挪威滑雪者被埋在雪下1个多小时，在获救后他的心脏已经停止了跳动，但他最终还是通过治疗活了过来。加拿大的一名小女孩在户外被冻僵了。被发现时，她的心脏停止跳动已经2小时，体温从37℃降至16℃，她身体的某些部位也被冻伤了。但是，在没有截肢的前提下，她还是康复了。

科学家表示，下一次将在大型哺乳动物身上进行此种实验。科学家认为，此项研究意义重大，身患绝症的患者可以通过人工冬眠技术来延长寿命，以此来等待器官移植；还可以像科幻电影中的情节一样，让参与星际旅行的航天员进入冬眠状态，然后在

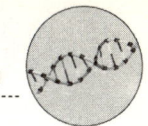

抵近目标星体后再醒来。

干细胞治疗

干细胞的巨大潜力早已众所周知，许多凶险并致命的疾病用干细胞治疗取得显著的效果。帕金森病、糖尿病、心肌梗死、红斑狼疮、类风湿性关节炎、截瘫等难以治疗的疾病，干细胞治疗均可取得较好的效果。如果和基因治疗相结合，还可以治疗众多遗传性疾病。

科学家在老鼠体内发现了抗衰老基因

利用干细胞技术，还可以再造多种正常的甚至更年轻的组织器官，这种再造组织器官的新医疗技术，将使任何人都能用上自己或他人的干细胞和干细胞衍生的新组织器官，来替代病变或衰老的组织器官。

据报道，近日英国科学家成功地将人类胚胎干细胞培育成软骨细胞，为未来软骨移植提供良好契机。英国人口老龄化问题越来越严重，人们不可避免地要考虑长寿问题。虽然几年前医生就已经实现了关节移植，但它仍不能替代磨损的软骨。利用干细胞培育出软骨细胞，就可避免关节移植。科学家估计，这项技术大约需要5年左右的时间达到临床应用。

补充化学物质

美国科学家把两种在体细胞中发现的化学物质给老鼠吃，结果老鼠不仅在解决问题和记忆测试中表现更佳，而且行动也更加轻松和充满活力。

英国科学家正在进行一项使用甲状腺素延长寿命的研究计划。他们通过先前的实验已经证明，新陈代谢率高的老鼠比较长寿。现在，他们希望借助甲状腺素增强新陈代谢，把对细胞组织有害的自由基清除出体内，以达到延长寿命的作用。

科学研究将使更多的人活到百岁以上

目前的研究方法是将甲状腺素溶于水中，供老鼠饮用，以提高老鼠的新陈代谢率，然后观察这些老鼠的寿命是否比其他未使用这种激素的老鼠显著增加。如果在老鼠身上所做的实验成功，相应长寿程度反映在人体上，大约相当于延长人的寿命30年。他们初步计划用4年时间在老鼠身上进行实验，如果成功，将进行人体实验。

纳米技术和计算机技术

美国计算机专家和未来学家雷·库茨魏尔在他的新书《奇妙之旅：活到永远》中，为人类长生不老设计了三个阶段：第一阶段是营养阶段，第二阶段是生物技术革命阶段，第三阶段是纳米技术和人工智能技术。他预言，到2030年将出现半人半机器的共同体。

雷·库茨魏尔是一名卓有成就的发明家，他是平板式扫描仪的先驱，他对计算机发展的预言也曾多次被言中。库茨魏尔相信，在未来，纳米机器人可以移植进我们的身体，与侵入身体的细菌和病毒"作战"，更加有效地运送氧气。纳米机器人还能重新建立身体内各种组织和器官，替代人类的消化系统和循环系统。人的大脑中也将植入电脑芯片，与自身的生物神经元产生互动。

库茨魏尔还预言，人类未来可以从互联网上通过下载新的程序来使自己的身体"升级"，使身体更舒适、更强壮和更健康。如同电影《黑客帝国》中，一个完全不会驾驶直升机的人往自己身体中下载一个学习程序，在几秒钟之内就能具有与飞行员一样的飞行能力。

一位英国科学家的预言则为我们描绘了另一种意义上的"长生不老"。他说，到 2050 年左右，人类可以将自己的意识"下载"到超级计算机中，永远保存起来。这样，即使你的肉体死了，你精神和意识还活着，还可以继续思考。

《科学画报》2006（2）

人，为什么会是今天这个样子

梁占恒

在人们的日常生活中，只要稍加留意，你就会发现人长得十分的完美而又科学：明亮的眼睛，挺拔的躯干，灵活的四肢，……人，为什么是现在这个样子呢？

生物学家与人类学家认为，人之所以成为今天这个样子，完全是人类为适应自然环境，长期进化演变的结果。众所周知，人是由低级生物进化而来的，长期的进化过程使得人类成长为无论是结构还是生理功能，无一不是恰到好处。

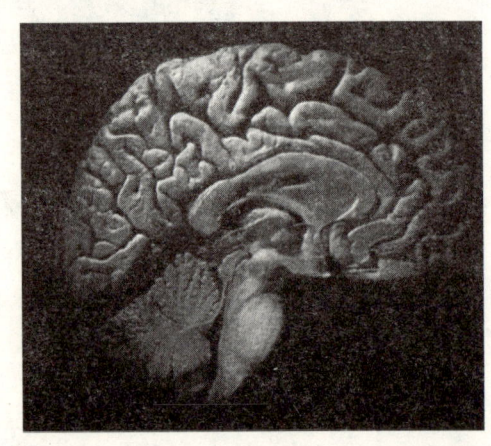

从鲸鱼到蚂蚁，动物体积大小的差异达1000万倍之多，人的体积恰到最为有利的居中位置。因为太大太小都不好，如果人若有恐龙那么大，那能量的大部分都要消耗在庞大的肌肉骨骼系统上，大脑就不可能发展到今天这么机敏；如果像

神秘大脑

犬、兔那样小，就不会有足够的体力和能力去抵御一些走兽的侵袭，这样人这一物种就可能早被自然界淘汰出局了。

脑，是人类最宝贵也是最娇嫩的一个器官，大自然便赋予人类一个近似圆形的头颅，嫩豆腐样的脑子装在脑壳里，坚硬的头颅把"一碰就坏"的脑子好好地保护在里面。而且圆形的容器还具有体积最小、容量最大、又最坚固的三大优点。试想假如人类的头颅不是圆形而是方的或者其他别的什么形状，那麻烦就会比圆形要多得多。

再看人的脸面，无论是圆脸还是长脸都长得大气美观，不像大多数动物那样尖嘴猴腮，这是因为人有丰富的表情肌，充填在头颅的前下半部，构成了只有人类才有的头形。表情是人类所特有的功能，表情肌可以表达大脑的某些思维活动，因而构成了人类智慧的象征，这是其他动物不可比拟的。

人的五官都集中在头部而不是分散到别的什么地方，这固然与人站立时头部的位置最高、便于观察周围事物有关，但更重要的是它们必须尽量靠近大脑，以便以最快的速度捕捉信息、传递信息。如眼睛，实际上是脑的延伸，在胚胎时期它最早是由脑组织伸出的一对突起穿越颅孔，最后才在外面形成眼球的。眼球在大脑额叶的下方，离大脑的视觉中枢很近。距离短、传输快，这就有利于人类捕捉信息、调整行动，如食物的攫取、危险的躲避等，都能作出快速反应。反应越快，生命力愈强，这也是人类之所以能够繁衍昌盛的根本原因之一。

眼睛，也同属娇嫩器官，其位置不但是高高在上，而且还深深凹陷在眼眶之内，外有眼皮、睫毛等一系列保护装置，因而在一般情况下都是比较安全的。并且由于水分的特殊效应，它永远也不会像人体其他地方的皮肤一样干裂或者打褶。

听，对人类捕捉信息来说也极为重要，所以耳朵左右各长一个，便于"耳听八方"。为了保证其功能的最大限度发挥，外面还各长出一个软软的外耳廓。试想假如耳朵硬硬的如骨板，仅睡

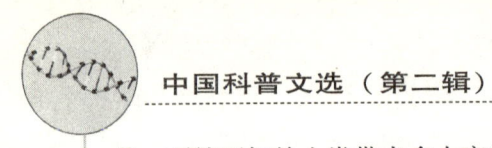

觉一项就不知给人类带来多大麻烦。

与外耳同样突出的还有脸中部那个漂亮的鼻子,鼻子为什么不和脸齐平,甘冒风险高高隆起呢?又为什么人长两个鼻孔并且一律朝下而不朝上呢?这一切都是因为有利于生存的安排。鼻孔朝下不仅可以避免雨水倒灌而且还有利于鼻涕的流出,鼻子前伸不但便于接近要闻的食物而且还可加长空气进入体内的过程,呼吸时使干冷的空气同时在两条鼻孔过道里得到充分的加温与湿化,保护肺部少受冷空气的侵袭。这点在寒带地区表现尤为突出,所以不少成长于寒带的老外他们的鼻子特别长,道理概因于此。

人类的祖先遍身都长毛,穿着天然的"皮大衣",御寒并防止其他动物的攻击。随着人类的进化,大部分毛发已退化,但依然保留了一部分,如头发,天热时可以抵挡烈日的炙烤避免大脑过热;天冷时还可当顶皮帽戴,保暖保温。腋毛、阴毛等可以减低皮肤与皮肤之间的摩擦,天热时利于通风透气,不致因酷热而被"淹"。眉毛,重要的不是装饰、美容,主要的功能是将汗水等引向别处,不向眼内跑水。

人,每日工作、劳动、学习接触外界的第一线是手与脚,为此在人的手指和脚趾上都长了似硬非硬似软非软的角质化指甲,这既有利于驱物防身,又有利于劳动保护。试想假如没有它们,恐怕手脚便会经常被磨破。

人类,大自然的精品杰作,自珍自重与相互关爱十分重要而又必要。

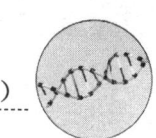

人类大脑真能"预见"未来吗

兰　西

据英国《每日邮报》报道，"泰坦尼克号"沉船灾难发生前，据传曾有乘客因为产生"不祥预感"而在登船前最后一刻退掉船票，所以逃过了这一世纪灾难。那么，人类的大脑真能像科幻电影中描述的那样"预见未来"吗？美国科学家迪恩·拉丁博士和荷兰阿姆斯特丹心理学家迪克·比尔曼教授等人经过一系列惊人实验后宣称，他们相信人类大脑真的拥有"预见未来"的能力。

"9·11"被劫客机乘客比平时少一半

2001年美国"9·11"恐怖袭击事件发生后不久，一些奇怪的故事也开始浮出水面，有报道称一些本来预订了被劫持客机机票的乘客，在登机前突然产生了一种模糊的不安全感，于是在最后一刻改变了登机计划。在"9·11"袭击发生之前，他们没有一人说出过这种"不安全感"，只是出于本能改变了登机的计划。

其中一名女乘客排队登机时，突然遭遇了剧烈的胃痛，当她前往机场公厕时，胃痛却又奇怪地消失了，但她也因此错过了自己的死亡航班——那架飞机后来被恐怖分子劫持，撞向了世贸大楼，人们将这名女乘客的幸运生还归结为巧合，然而研究者发现，那些后来发生坠毁的飞机，乘客都比平时要少很多，譬如所

有在"9·11"恐怖袭击中被劫持的4架飞机，上面乘载的乘客数目都只有平时的一半，难道其他乘客都"预感"到了这场灾难？

研究人类"预感"能力

科学家爱德·考克斯还发现，不仅"9·11"坠毁飞机上的乘客比平时要少很多，那些曾经发生"出轨"事故的列车上，乘载的乘客数量也比平时要少很多。加利福尼亚大学统计学家杰西卡·乌特斯博士是发现这一"相同奇怪效应"的科学家之一，他们相信，这些灾难航班和列车上的乘客之所以比平时少，很可能就是因为一些乘客产生了"不祥预感"，从而改变计划，逃过了这趟死亡之旅。

研究者发现，法国航空公司一架协和式客机2000年坠毁前，机组人员就曾有过"坠机预兆"。一名机组人员的同事匿名接受法国《巴黎人》采访时称，他们仿佛都在病态地期待一场事故发生。他说："那就好像我在等待某种事故发生一样。"

据悉，美国军方很早就对"预感"研究产生了兴趣，并且为一项秘密的"星门"研究计划提供过资金，"星门"计划的主要目的就是调查人类是否拥有预知未来的能力。"星门"计划研究人员之一迪恩·拉丁博士对一些"幸运士兵"逃离灾难的能力感到非常吃惊，这些士兵都以"不可能的概率"多次从战场上死里逃生。拉丁博士相信，对未来灾难的预感，可能帮助这些"幸运士兵"下意识地作出了一个拯救了自己性命的决定。

人类能够"预见"几秒钟后的未来

拉丁博士决定通过一项实验来测试人类"预见未来"的能力，他将一些志愿者连上一个经过更改的测谎机，这个机器能够探测出经过皮肤表面的电流。当被测试者看到极端暴力的图画或录像时,他们的身体会产生反应,皮肤上的电流会根据所看画面的不同而发生不同的变化。

拉丁博士让一台电脑向这些志愿者随机播放各种性感的、暴力的或让人心情愉快的图案,拉丁博士很快就发现,这些志愿者在看到这些图画之前,身体就对即将看到的图案作出了正确的反应。譬如在看到暴力画面前几秒钟,他们就开始对暴力画面产生了畏缩反应。拉丁博士通过一次又一次实验,证实这种"预感"绝对无法用"巧合"两个字来说明。

诺贝尔奖得主、化学家凯里·穆利斯博士对拉丁博士的实验结果印象深刻,他亲自充当志愿者,连上了拉丁的实验机器,实验证明他也具有"预见未来"的能力。穆利斯博士说:"这真是太怪异了,我能提前3秒看到未来,我不应该拥有这种能力的。"其他来自世界各地的研究者,包括英国爱丁堡大学和美国康奈尔大学的科学家们纷纷复制拉丁的实验机器,展开了自己的实验,最后也都得出了相同的结果。

普通人也有"预感未来"的能力

荷兰阿姆斯特丹大学的迪克·比尔曼教授决定对"预感能力"进行更深入的研究,他在重复拉丁博士的实验时,还用医院核磁共振成像扫描仪对一些志愿者的大脑进行扫描监控。扫描仪能够显示实验者体验某种特殊情绪时,大脑中的哪一部分处于最活跃状态。尽管实验相当复杂,并且每项分析都要花上数周的计算时间,但比尔曼教授已经和超过20名志愿者进行了两次这种"预感未来"的实验。

实验结果显示,普通人也具有"预感未来"的能力,尽管这些人只能感受"未来的某种感觉",而不是某种"未来的明确景象",然而,如果一个人能够"预感几秒钟后的未来",那么

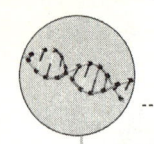

为什么人类不能预见几天后、甚至几年后的未来？

获得过诺贝尔奖的物理学家布赖恩·约瑟夫森说："我相信我们能够'感知'未来，我们目前只是还不了解它的运行机制而已。我们无法理解某些事，并不意味着这种事就不会发生。"

人类能否干涉未来

如果人类的大脑真能"预见未来"，那么人类是否能够像好莱坞科幻电影《少数派报告》中描写的那样干涉未来？在这部科幻电影中，一个特殊警察机构能够预言未来的犯罪事件，并在犯罪事件还未实施前，就先将'未来凶手'逮捕归案。

比尔曼教授解释说："你对未来的预见可以让你提前作出决定，但这是否会限制我们的自由意志？我认为这是哲学家的问题，我们现在根本无需为这种事忧虑。"

然而科学家称，人类大脑"预感未来"的唯一问题是，这种"预感"常常非常模糊，你无法依赖它作出正确的决定。人类历史上有过许多例子，人们都因为没有在意他们的"预感"而后悔不已。其中一个例子是1966年的英国阿伯凡煤矿矿渣山坍塌事件，那次坍塌埋了一所威尔士小学，造成144人死亡，包括116名儿童。后来研究者发现，共有24人曾对这场灾难产生过"预感"，其中一名遇难小女孩在被送往学校前还曾对母亲说："我梦到我去上学，但学校已经不在了，一些黑色的东西压垮了它。"

《科学之友》2007（2）

中国科普文选（第二辑）

生命探秘

动物世界

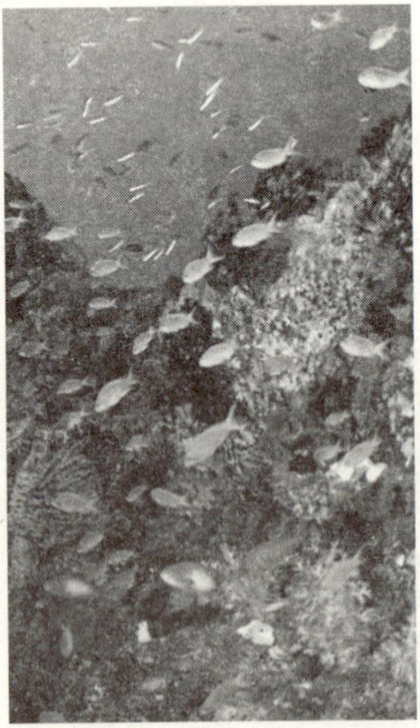
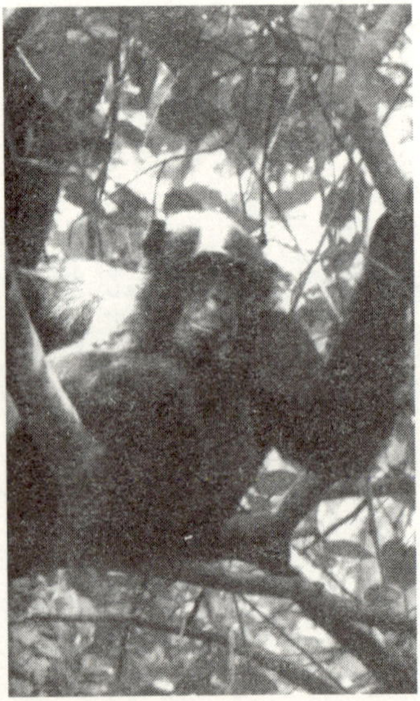
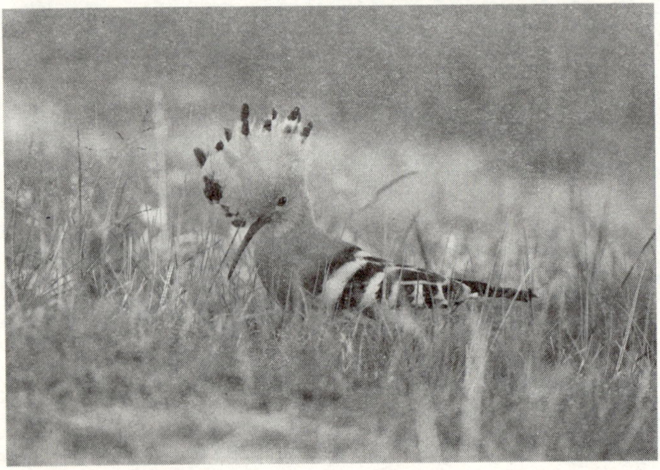

黑猩猩和人，谁更聪明

姚晨辉

人比黑猩猩聪明，你一定认为这是毫无疑问的，因为在一般人心目中，人是唯一的智能动物，能制造和使用工具，有自我意识、能用语言交流、有感情。而且，我们的脑容量更大。但是，日本京都大学灵长类动物学家松泽哲郎教授却给了我们一个不同的答案。他发现，黑猩猩具有一些优于人类的认知技能，而且他相信黑猩猩身上还有更多的技能有待挖掘。

另类黑猩猩研究者

松泽哲郎最初在日本京都大学学习哲学，后来他的兴趣转向实验心理学。他的研究对象也发生过几次转变，从最初的人类到老鼠、猴子，最后到黑猩猩，他现在负责京都大学灵长类研究中心。从1978年起，松泽哲郎对一头雌黑猩猩"艾"自出生到成长的生活进行了跟踪研究，现在研究对象又增加了"艾"的儿子"阿雨幕"。另外，松泽哲郎还在西非几内亚的博苏设立了一个野外基地，在过去的20年里，松泽哲郎每年都至少到他的野外基地去一次。

松泽哲郎是世界上第一个，目前仍是唯一的同时在实验室和野外研究黑猩猩的学者。松泽哲郎花了将近40年时间研究黑猩猩，学着以它们的方式观察世界，即试图通过黑猩猩的眼睛去看

世界。

在几内亚博苏的野外基地中，黑猩猩生活在它们自己的社会团体中，处于一个丰富、自然的环境之中。松泽哲郎将"艾"和她的儿子"阿雨幕"从那里带入实验室，试图去重现他在野外观察到的黑猩猩母婴之间的知识传递。而长期野外工作也能帮助松泽哲郎提出正确的问题，所以他可以发现黑猩猩一些并不明显的技能。他还使用精确的、相同的实验仪器和步骤去比较人类和黑猩猩的表现。

短期记忆更佳

达尔文在《物种起源》一书中说道："人类智慧与那些进化得比较好的动物智慧的差异，只是一个进化水平的问题，而非本质上的区别。"

关于黑猩猩的研究始于20世纪初。研究发现，使用工具不只是人类的专利。随后，人们开始对猩猩科动物（黑猩猩、大猩猩和猩猩）的大脑功能进行研究，着重观察存在于它们群体中的文化和它们的个体意识。

黑猩猩和人类在遗传上极为接近，两者的基因序列相差甚微，至少有98%的DNA相同，99%以上的蛋白质相同，表情及行为也有着诸多相似之处。一些人极不情愿将人类自身与人科之外的物种相提并论，然而无数的研究结论却告诉我们，人类和浑身长毛的黑猩猩有着太多的共同点。

说黑猩猩在心智技能上优于人类，这个观点听起来很难理解，但松泽哲郎用一个非常具有说服力的例子说明黑猩猩拥有比

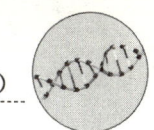

人类更好的短期记忆。松泽哲郎首先训练黑猩猩数数，经过训练后，黑猩猩能从0数到9。然后，他把黑猩猩带到一个计算机屏幕前，屏幕上有9个随机排列的数字，经过短时间的闪烁后，这些数字会变成相同的白色方块。这时，让黑猩猩按照从小到大的顺序按下数字所对应的方块。松泽哲郎在实验中发现，所有的成年黑猩猩在这个活动中的表现和人类一样出色，部分则更好一些，而幼年黑猩猩的表现更出色，这表明了黑猩猩在短期记忆方面优于人类。顺便说一下，在这个游戏中，人类儿童也比成年人有优势。我们可以回想一下扑克游戏"抽对子"，在这个游戏中，你要从许多倒扣的牌中抽取一对，抽取前只有很短的时间瞥一眼牌面，在这个游戏中，儿童无可置疑地击败了成年人。

但是，为什么黑猩猩会拥有比人类更出色的短期记忆呢？松泽哲郎认为，五六百万年前，人类的祖先和黑猩猩的谱系开始分化，黑猩猩可能是从这时获得了一种特殊的智能。但是，也可能是另一种进化模式：人类和黑猩猩分享了许多认知特征。人类在分化之后获得了一些进步，特别是语言。但是，由于所有的大脑

都有其极限，所以人类不得不舍弃一些东西，其中包括部分短期记忆能力，而黑猩猩却保留了这些能力。这种差别在野外表现得还不明显，但科学家们已经证实，经过一些训练之后，可以将之提取出来。这种进化模式同时也解释了为什么人类婴儿的语言能力一旦被完全开发，通常就会失去在"抽对子"扑克游戏中的竞争力。

多种能力优于人类

除了短期记忆外，黑猩猩在另一些方面也比人类做得更好，例如识别颠倒的面容。如果向某人展示一张熟人的照片，他能马上认出这个人。如果把照片颠倒过来给他看，他就被难住了。而黑猩猩在识别同类的脸时就没有这个问题，颠倒的照片对它们来说可能更容易一些，这也有可能是因为它们习惯于倒挂在树上。

另外，黑猩猩还具有表达情感的能力。对"阿雨幕"的出生和成长情况进行了一年的跟踪观察后，松泽哲郎获得了很多关于黑猩猩感情能力的珍贵资料。一天，松泽哲郎发现两星期大的"阿雨幕"打盹时嘴唇弯曲，很像是在微笑，这一现象过去从未被其他研究者发现过。在后续的观察中，他发现，当黑猩猩妈妈"艾"和"阿雨幕"在一起嬉戏的时候，"阿雨幕"一旦被抚摸得很舒服，就会开怀大笑。而且，当它很小的时候，看到自己妈妈的照片时，它笑了，这说明它能从照片上辨别出自己的母亲。在这些方面，"阿雨幕"和人类婴儿非常相似，甚至比人类婴儿做得更好。

松泽哲郎和他的英国同行们对博苏附近森林中的黑猩猩的观察表明，黑猩猩横穿道路时会分别承担侦察、先锋和殿后等工作，并且还会根据路况的不同灵活转换角色。这种互助生活方式是人们对黑猩猩智能的新认识。

松泽哲郎还发现，在野外，黑猩猩在很多方面比人类做得更好。例如，当地野生的黑猩猩可以利用600种森林植物中的200种，它们可以区分这些植物的生长季节、生长地点和功用，简直就像植物学家。

松泽哲郎还发现，有证据表明，黑猩猩也对斯特鲁普效应敏感。当我们被要求说出一个印刷的单词的墨色，而这个单词描述的是另一种不同的颜色（例如，用红墨印刷的"绿"字），这时候，我们大脑中就会产生冲突，这就是斯特鲁普效应。如果这是真的，意味着黑猩猩思维中可以同时处理两种不同的信息流，并觉察到它们之间的冲突。

黑猩猩的技术进步

20世纪60年代，珍妮·古德尔首次观察到，黑猩猩不仅能够使用、而且能够制造工具，这个发现曾轰动一时。以后的观察发现，工具的制造和使用在黑猩猩是一个普遍的现象。黑猩猩为了钓食白蚁，甚至会到距离白蚁洞穴很远的地方去寻找合适的树枝。在选择的过程中，它们会抛弃那些过细或过粗的树枝，并去掉枝条上多余的枝杈。在这一活动中，它们表现出了只有人类才具有的两项能力：制造工具以及有目的的制造。而且，不同的黑猩猩群体对工具的使用存在着差异，表明这不是遗传，而是文化的进化。例如，松泽哲郎发现，博苏的黑猩猩能够用石头和树枝作为锤子和砧板敲破坚果取种子吃。在我们已知的野生群体中，博苏的黑猩猩是唯一能以这种方式砸碎坚果的，尽管东非也有很多硬果，但那里的黑猩猩却从来没想到这么干。

松泽哲郎认为，文化知识的变化要比进化过程迅速得多，但这种知识随时都可能消失。由于各种因素，主要是栖息地的丧失、偷猎和传染性疾病，在博苏，很多处于生殖年龄的黑猩猩死去，这个唯一能用石头砸碎坚果的黑猩猩群体和它们的技术进步正在逐渐消亡。

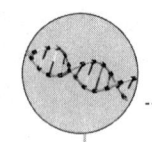

其实，技术的消亡不仅存在于黑猩猩的群体中，人类在技术进步的同时也存在着技术退化。例如，作为世界七大奇迹之一的埃及金字塔，在很长一段时间里，没有人知道它们是怎样建成的。通常情况下，整体的知识进步往往伴随着个体技能的丧失，或者说技能不再属于个体所有。意大利的南提洛尔考古学博物馆中存放着一具新石器晚期的木乃伊——提洛尔冰人，他死于5000年前。这具木乃伊于1991年在冰河边缘发现时，衣着完整、装备齐全，他的帽子、外套、鞋子、斧头和箭，全部是他或者他的家庭成员制作的。就是今天看来，我们仍为这些东西复杂的技艺感到惊奇，而生活在现代工业时代的人类已经丧失了单独个体曾经拥有的广泛技术。

《科学画报》2006（11）

飞鸟为什么不迷路

江 南

远行的飞禽靠什么辨别方向，始终是人们百思不得其解的谜。例如有一种北极燕鸥，它们夏季出生在北极圈10°以内的地方，出生后6个星期就离家南飞，一直飞到远在1.8万千米外的南极浮冰区过冬。过冬之后又飞回北方原来的出生地度夏。由于迂回曲折，一来一去，北极燕鸥的实际飞行竟达4万千米之遥。如此漫长的路程竟丝毫不会迷航，它们究竟是凭什么本领认路的呢？它那简单的头脑是怎样解决复杂的航行定向问题的呢？

我们知道，罗盘是在12世纪发明的，300年后哥伦布才应用它横渡大西洋。但是在几百万年以前，鸟儿就已经若无其事地在环球飞行了，而且在夜间也能依旧赶路。它们是靠什么来确定航向？北极星？太阳？风？气候？地磁？它们的方向意识又是从何而来？

科学家们对飞禽航行定向的现象进行了很多方面的探索，做了各种各样的观察和研究。不少科学家认为，一部分飞禽是靠地球的磁场来定向导航的。信鸽导航就是典型的例子。

我们知道，磁场对于生命，就和空气、水对于生命一样，是不能缺少的，空气和水，谁都能感觉到，可是谁也没有感觉到身边存在着磁场。这是因为生物在长期的演化过程中，已经适应了这一物理环境因素。可是信鸽不但能清楚地知道自己居住地的磁场强度和科氏力的大小，并且能随时识别地球磁场强度和科氏力

的细微差异，它们就是凭借着这种特殊本领准确无误地飞回家的。

美国生物物理学家查尔斯·沃尔科特教授早在20世纪70年代中期就开始了寻找鸽子体内磁罗盘位置的实验，他首先测量了鸽子各块组织的磁性，然后选择出那些具有磁性的组织，分成更小的块，再依次测量各小块的磁性。研究的范围渐渐缩小，最后在每一只鸽子的体内都找到了天然的磁性物质。1979年，沃尔科特宣布说，他们发现了鸽子体内的磁性物质，它只有不到1毫米大，位于眼窝后部靠近外侧的脑组织部位。

飞禽是否真能凭地球磁力辨认方向，是争议了很久的问题。如今研究人员认为，不仅飞禽，鱼、昆虫甚至病毒都能感受到磁场。但动物是怎样感知磁场却仍然是个谜。

20世纪90年代的两项最新研究表明，光线可能是飞鸟感知磁场的重要因素。美国纽约州立大学的科学家发现麻雀是利用极光校定其磁场指南针从而确定方向的。而德国法兰克福大学的研究人员则发现银雀等一些鸟类是利用光线来感知磁场的，这一看法还有待于进一步深入的研究来证实。

21世纪初，有人提出了一个假说，认为鸟类是依靠太阳来指引方向的。德国鸟类学家克莱默博士设计了一套实验方案，用

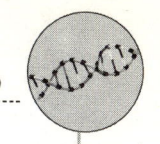

以测验这一假说。

克莱默注意到，当迁徙季节来临时，笼中的鸟会惶惶不可终日地乱跳。此时，他把几只关在笼子里的鸥棕鸟放进一个圆形的亭子里，亭子里开个只能看见天空的窗户。关上之后，它们就会失去方向四处乱跳。后来，他装了一盏"类光假太阳"，让人工太阳在错误的时间和方向升落。结果，亭中的鸟又朝着人工太阳错误的方向飞去。

克莱默博士的实验为太阳决定航向的假说找到了有力的证据。但是，在阴天或夜晚，没有太阳的时候，鸟儿又凭什么定向呢？而且太阳的位置也在不断地改变着。利用太阳测定方向是一个非常复杂的问题。至少鸟的身体需要具备一种几乎相当于钟表的计时本领。

针对这种相当含糊的理论，德国佛雷堡大学的飞禽学专家绍尔博士得出了进一步的看法。他认为，飞鸟除根据太阳确定航向外，同样也能根据星辰决定它们飞行的方向。

绍尔博士主要研究长途飞行的莺，这种莺多半在半夜飞行。他一连做了很多实验，他在迁徙季节把一批莺关在笼子里，摆在只能看见繁星的地方。他发现，莺们一瞥见夜空就开始振翅欲

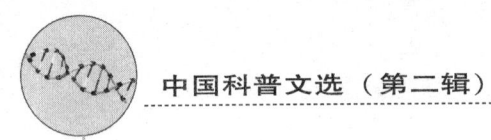

飞。而且它们每一只都会选好一个位置，像罗盘上的指针一样，对着它们一向迁徙的方向。他把笼子旋转到另一个方向上，莺们也跟着转向。他又把莺放在人造星空模型里，莺们还是选出了它们在非洲冬季居住的正确方向。但是，当人造星空的旋转圆顶把星辰位置摆错时，它们就会跟着错。这个实验证实了飞鸟根据星辰来进行定位的推测。

那么，飞禽为什么能根据太阳和星辰来导航呢？有些科学家提出，光照周期可能是其中的关键因素，他们认为，飞禽的体内都有生物钟，这些生物钟始终保持着与它们出生地或摄食地相同的太阳节律。另外一些科学家则认为，飞禽高超的导航本领是由于它们高度发达的眼睛能够测量出太阳的地平经度。不过，这些假设目前都未有定论。

另外，其中还有一点疑问。我们知道，在星辰导航中最重要的条件莫过于星星的位置了。可是天体并不是永恒不变的，像我们地球所在的太阳系也是在昼夜运行着，那些利用星辰导航的鸟儿为什么不会被那些明亮的运动行星所迷惑呢？这又是人们尚未揭开的奥秘。

现在一种比较流行的理论认为，鸟类的迁徙习性和辨识旅途的能力是与生俱来的，这只能用遗传来解释。

鸟类的迁徙习性是由史前时期觅食的困难所造成的。那时，为了寻找食物，鸟儿不得不进行周期性的长途旅行。这样年复一年，世世代代，经过漫长的演化过程，各种迁徙习性就被记录在它们的遗传密码上，经过脱氧核糖核酸（DNA）分子一代一代传下来。

科学家们曾用鹳鸟做过实验。生活在德国的鹳鸟有两个品种，一种生活在西部，一种生活在东部，它们在一定季节都要迁飞到埃及去。但这两个品种的鹳鸟迁移路线并不相同，生活在西部的鹳鸟是飞越法国和西班牙上空，然后越过直布罗陀海峡，沿着北非海岸飞抵埃及；而东部的鹳鸟则绕过地中海的末端直抵

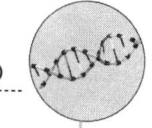

埃及。

科学家把东部鹳鸟的蛋移置到西部颧鸟的窝里，待孵出小鸟后，加上标识辨认。令人惊奇的是，东部的小鸟长大后迁飞时，并没有跟随侍养它们的养母（西部鹳鸟）一起飞行，而是按照自己祖先固有的东部颧鸟的路线飞行。

这个实验生动地表明，鹳鸟迁飞选择哪一条线路，并不是简单地跟随长辈的结果，而是遗传因素支配下的本能。

在对飞鸟飞行定向秘密的研究中，人们还发现，除了对地球磁场的反应、利用太阳和星辰导航和自身的遗传因素外，飞禽的红外敏感性、嗅觉和回声定位系统可能也为定向起了一定作用。但是，究竟是哪一种因素直接决定着飞鸟千里迢迢远行却从不迷路，这一神秘有趣的生物之谜正等待着人们去探索和破译。

《科学之友》2006（12）

动物为什么要迁徙

林中鸟

年复一年，无数迁徙动物翻过高山，涉过流水，迁往遥远的异乡。

是怎样一种神奇的力量促使它们跨越高山、沙漠、河流和海洋呢？

大雁排成整齐的队形，缓慢而有节奏地划动着双翼，悠然自得地朝远方飞去；绵延数千米的角马群，像一股势不可当的黑色洪流，涌动在茫茫非洲大草原上；铺天盖地的帝王金斑蝶在高空飘荡，好像一片片金色的云彩朝一个方向飘去；勇敢的鲑鱼溯流而上，跃过一道道险滩，奔向它们的出生地；银色的天空，长鸣的鹤群，令人神往……

在动辄数千千米的长途跋涉中，这些动物探险家们尽管会遇到冰雹、暴风雨等恶劣天气，但它们总是齐心协力，以坚韧不拔的毅力勇往直前——

迁徙的动物们

每年秋天，生活在北极圈北纬10°以内和西伯利亚的大约400多万只北极燕鸥都会聚集在欧洲北部海岸，随后成群结队地飞往远在1.8万千米外的南极浮冰区过冬。来年春天，它们又会

成群结队地返回欧洲北部和西伯利亚度夏。年复一年，它们在近乎两极之间长途跋涉，从不厌倦。由于路线迂回弯曲，来回路程近4万千米。这意味着北极燕鸥每天要连续飞行超过20小时，每年要飞行8个月。为什么北极燕鸥要进行如此漫长的跋涉？它们又靠什么导航来准确无误地往返于两极之间而不迷失方向呢？

每年冬季，墨西哥的几处山谷里都会聚集数以亿计的帝王金斑蝶。这些橙红色的蝴蝶层层叠叠地栖息在山谷中的树上，压弯了树枝，有时一棵树上竟会停憩50万只蝴蝶，整个山林被染成一片橙褐色，宛若一张硕大而美丽的绒毯。天气晴好时，山谷里漫天飞舞的蝶群就像一片橙色的云霞。这些蝴蝶的"老家"在数千千米以外的美国和加拿大，它们经过两三个月的长途跋涉来到这里过冬。每年夏天，这些蝴蝶刚一羽化，就匆匆忙忙地踏上了漫长的征途，以每小时30～40千米的速度向南飞行。在征程中，它们主要靠自身贮藏的脂肪来补充能量，其中很多因为恶劣的天气等原因永远留在了旅途中；也有的迷了路，漂洋过海，到达中国台湾、福建等地；但剩下的仍顽强地向目的地前进，直到准确抵达它们前辈曾经到过的那几处山谷。

生活在冻土带的旅鼠是生物链上极为重要的一环，北极地区大多数的飞禽走兽都以捕食旅鼠为生。旅鼠在夏季就像是普通的田鼠，可到了冬季，它们就会长出长长的毛，像一个个小绒球在雪地上跑动。在漫长的冬季，旅鼠会在积雪下面开辟许多曲折狭长的隧道，然后沿着这些隧道寻找可口的食物。它们是名副其实的"旅"鼠，每隔一段时间就要搬家。它们为什么会这么喜欢到处流浪呢？

旅鼠对食物很挑剔，它们以苔藓、花蜜为生，而它们的繁殖能力又很强。一对旅鼠一个夏天可以产三胎，每胎5～10个幼仔，而且它们的第一代在当年夏季就能产两胎，第二代当年又能产一胎。这样，一对旅鼠一年夏天就能够繁殖小鼠300只以上。大量繁殖的小鼠把旅鼠喜欢吃的所有东西都吃光了，为了寻找食

物，它们不得不从一处游牧到另一处。不过，也有科学家提出了"旅鼠周期"的理论，认为旅鼠数量的周期变化和太阳黑子有关。旅鼠迁徙的原因究竟是什么，直到目前也没有定论。

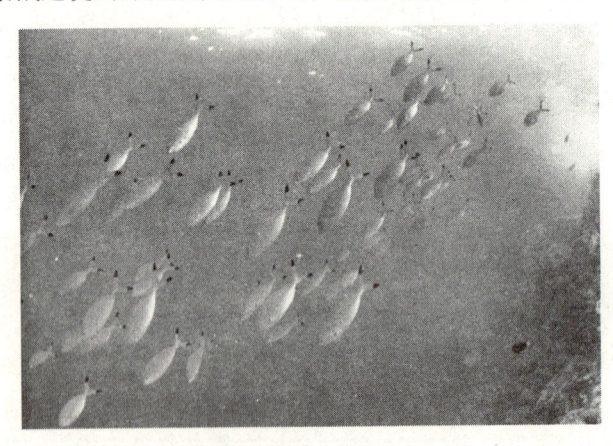

日本的北海道、千岛，美国的阿拉斯加，加拿大的西海岸地区是捕捞鲑鱼的渔场。鲑鱼在与这些海域相通的河流上游产卵，卵变成仔鱼后，随着春天融化的雪水一起游入大海，历时三四年，行程超过 5000 千米，而成年的鲑鱼又一定会逆流而上再回到自己的出生地产卵，然后死去。为什么鲑鱼如此执著？它又如何能在千万条河流中找到属于自己故乡的那一条呢？

它们为什么这样执著

至今科学界对动物迁徙的原因也没有得出一致的结论，很多科学家认为，候鸟迁徙可以追溯到公元前 1 万年前的冰川时代。北半球冰雪季节到来时，部分北极燕鸥曾飞离故乡，去寻找有利于觅食的地点。这部分北极燕鸥第一次探索着进行这种迁徙时，其他北极燕鸥留在了故乡。次年秋天，当寒冷的冬季又来临时，

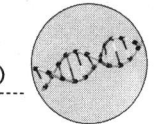

去年没有迁徙的北极燕鸥受到同伴们的诱惑加入了迁徙的队伍。几年的时间，迁徙的队伍逐渐扩大，终于形成了候鸟每年的大迁徙。

但是这种解释中存在着很多说不清的谜团：为什么只是部分鸟类进行迁徙，而另外的鸟类即使气候再冷也终年不离开故乡？比如海鸥。为什么北极燕鸥迁徙的时间十分固定，不到迁徙时间即使其中一些鸟儿由于寒冷而死亡也不迁徙？有的鸟类生活的环境很适合其生存和繁殖，它们却仍然每年按时迁徙，是什么导致了这些动物如此执著地迁徙呢？现代生物学家认为，动物迁徙的根本原因是自然选择，迁徙的种类比不迁徙的种类能够留下更多的后代。那么，又是什么原因使迁徙动物取得繁殖上的成功呢？

首先，迁徙可以使动物利用多种栖息地内并不是在任何时期都存在的资源。南北两极的夏天日照很长，无论是陆地上的昆虫还是海洋中的磷虾，都在这种环境中得到了很好的繁殖，这对于很多以它们为食的鸟儿和鲸类的繁殖极为有利。但是到了冬天，随着这些赖以生存的食物的减少，这些动物就不得不离开极地。因此，它们必须迁徙。蓝鲸、露脊鲸和座头鲸，每年12月到来年3月在南极水域中度过夏季，然后北上迁往热带和亚热带水域过冬。

另一个例子是燕子。据统计，有31种燕子在非洲大陆是留鸟，有两种燕子每年从地中海地区迁徙到非洲，有三种从欧洲西部迁来。由于冬天北温带地区飞虫的消失，科学家有把握地推测，这三种迁飞燕的祖先以前曾在非洲大陆进行繁殖，经过漫长的进化，它们迁到了北方。在那里，它们所遇到的食物竞争者较少，白天可以增加捕虫时间，而且偷袭鸟蛋和雏鸟的捕食动物也较少。这些因素使得迁徙的燕子在繁殖上取得了成功。据估计，每年迁徙到非洲的燕子数量可能比非洲本地燕科鸟类中所有留鸟的数量还要大。迁徙使动物更有可能利用那些变化无常和暂时性的食物资源，在自然选择中胜出。

此外，还有一些特殊的例子：生活在中美洲的鬣蜥在繁殖前要涉水游向一个小岛，因为在那里进行繁殖比较安全。澳大利亚蜥蜴的迁徙则更加有趣，它们生活在沙漠中花岗岩裸露的地区，较大的花岗岩裸露区是它们最适宜的繁殖地。春天一到，刚成年的蜥蜴便迁入这些区域中各自的领域进行繁殖，年幼的蜥蜴则被排挤到较小的花岗岩裸露地去生活，等到它们发育成熟才能重返最适宜的繁殖地。因此，这些蜥蜴在最适宜的繁殖地不断进行着有规律的迁入和迁出。科学家的研究还发现，引起迁徙的外部因素中，日照的周期变化是一个最重要的因素，即使是在冬天，用增加日照时间长度的方法也可以诱发非热带地区很多种动物的迁徙行为。现在已有证据表明，很多动物体内激素的变化支配着它们的迁徙行为，比如各种鸟类。另外，环境的变化有时也会引起一些动物尤其是很多昆虫的迁徙。一旦有适于迁徙的条件，只要再具备一些诱发迁徙的环境因子，动物就会开始迁徙。鸟类和蝗虫等待良好的天气条件准备启程；鱼类等待合适的潮汐重返旅程；而蚜虫的迁飞则必须等温度达到一定值。

鱼类的生殖洄游是动物史上的壮举，鲑鱼就是其中的一个突出代表。是什么使鲑鱼如此热衷于这样艰苦的旅行呢？科学家们发现鲑鱼体内能够分泌一种识别外激素，这种激素能够使鲑鱼辨

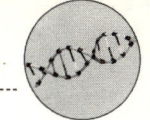

别出自己种群的不同个体，有利于成年鲑鱼和幼鱼之间的相认。除此之外，这种激素还能帮助鲑鱼辨别自己与生活环境之间的关系。科学家们在美国的萨那根河以当地的红点鲑鱼为参照物进行了实验。实验结果显示，萨那根河水中确实含有红点鲑鱼释放的识别外激素，引导着鲑鱼的洄游。当然，遥远的洄游之路除了化学气味的因素外，肯定还有其他什么因素在起作用。这些未解之谜和其他动物难以解释的迁徙原因一样，在静静地等待着我们去解开。

哪一条是回家的路

生物学家将动物根据环境来选择特定方向的能力称为定向。一只能够定向的动物就好像是一个带着罗盘的旅行者。曾有动物学家提出过一种可能的解释，这种解释认为动物能够积累地理知识，特别是刚过幼年期的动物，知识积累能力最强，这些知识会深深地印在动物的脑海中。在白天迁徙的低飞鸟类当中，地面的特征是它们辨别路线的关键，它们往往沿着曲折的海岸线迂回行进，迁徙路线受着地形的强烈影响，因此，它们在飞越广阔的水域以前绝不轻易起飞。而现在人们普遍认为，动物们能够依据地球表面的景观、太阳、月亮、星星、地球磁场、气味源和气流方向来进行定向，而且可以在不同的环境中利用不同的方法或同时使用几种方法。

最近，科学家发现，以粪便为食的蜣螂在有月光的夜晚，将粪球沿直线路径运回目的地而不迷路，这表明蜣螂是利用月光来进行导航和定位的。科学家认为，蜣螂采用这种直线路径移动是一种安全高效的方式，它沿最短的路径回家，就能减少其他捕食者抢夺食物的机会。当月光透过大气层时，因为受到大气层中微粒的散射，照射到地表的月光会产生偏振。为了进一步验证蜣螂是利用月光的偏振还是月亮的方位进行导航，科学家将特制的偏

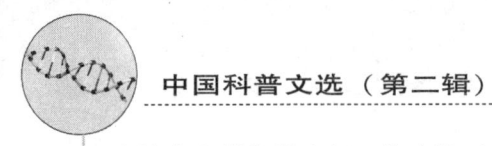

光镜套在蜣螂的头部。偏光镜可以改变月光的偏振方向，当月光的偏振方向被改变了90°时，蜣螂的爬行方向也偏离了90°。这种突然大转弯90°的移动行为显示，蜣螂能利用月光的偏振来进行导航和定位。科学家推测，许多夜行动物可能都拥有这种能力。

在阴天或漆黑的夜晚，飞行员利用雷达定位飞行。在没有星星的夜晚，那些夜间迁徙的动物为何也不会迷路呢？研究发现，诸如海龟、鲸、某些鸟类、某些鱼类都可以利用地球磁场进行导航。这些动物的头部排列着有磁性物质的特殊细胞，这些排列信息可通过神经系统传到大脑，大脑将这些排列信息进行分析和处理，就可以发出指挥动物行进方向的指令。生物学家发现海龟就是通过感应地球磁场而进行导航的。幼龟在美国佛罗里达海岸破壳而出后，在大西洋里生活几年，成年后回到出生地进行交配、繁殖，靠的就是头部的磁性"罗盘"。

科学家将鸟类头部中连接大脑与磁性细胞的神经切断，结果发现鸟类并未因此而丧失导航的能力。科学家由此推断，鸟类除了靠神经感知地球磁场外，还可能用别的方式。看来动物体内的地球磁场感应系统只是动物体内庞大、复杂的导航系统中的一个部分，要彻底解开动物导航系统中的奥秘，还需要科学家继续努力。

《科学之友》2007（6）

"生物时钟"主宰昆虫的生死

王文轩

俗话说"早起的鸟儿有虫吃"。这是以鸟的立场说明若在时间上避开自己的同伴,就能找到更多的食物。然而换个角度,对虫儿来说,如果它也偷偷躲开同伴的抢食,提早出来找食物,试想在一片沉睡的大地中,突然有一只虫在移动、在咬食,那就很容易被眼尖的鸟儿发现而成为早起鸟儿的早餐。这个俗语的励志功能,是基于一种深刻的自然观察。然而这个生物猎食现象,反映出"时间"在决定生死问题上的关键作用,而这个时间性的表现与掌控者就是体内的"生物时钟"。

生物时钟的运作机制

生物时钟指的是生物体内的计时构造。它是利用两条时钟基因表现负回馈机制来达到计时功能的。也就是这两条基因转录、转译的蛋白质会互相结合进入细胞核内抑制基因的表现,必须等到不再有这两个蛋白质、结合体进入核内时,这个抑制作用才能停止,而时钟基因才可被重新开启。这样一轮回,所需时间大约是 24 小时,因此时间讯息就由这个时钟细胞制造,传递给体内各细胞、组织或器官。

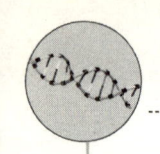

为何需要生物时钟

地球因为自转与公转，造成生物栖息环境呈现规律性的变动，这种变动具有固定周期，会重复出现，例如潮汐变化、日夜转换或四季轮替等。生物必须按照这种环境变动，调整它们的生存策略以顺利生存及繁衍后代，生物时钟就是应这种环境规律性变化所演化出来的，目前发现它普遍存在于各类生物体内。

当我们检视昆虫体内的生物时钟时，发现它在事件尚未发生前就能开始准备，等到事件来临时，它已准备就绪，马上能应付来自生物或物理环境的挑战。举例来说，当天色渐渐暗下来时，一只几天前才羽化的雄蟋蟀仍然蛰伏在地下洞穴中，静待夜晚的来临，然而它体内的能量资源却已开始动员，积极往两个方向运送。

就雄蟋蟀而言，又粗又大的胸肌是提供飞行及"唱歌"（鸣叫）的动力，快速收缩肌肉才能产生足够的动力，这需要有充足的能源补充。另外，生殖系统内必须尽快完成"精苞"的制造，如此，当雌蟋蟀受到雄蟋蟀的歌声引诱前来交尾时，才有精苞可以传送，完成交尾的任务。

为了能够在短时间内，利用一对前翅快速摩擦发出动人的求偶歌声，以吸引心仪的雌性，完成传宗接代的任务，雄蟋蟀的事前准备工作是绝对必须的。而遵守按"表"授课的雄蟋蟀，才有传宗接代的机会。

在昆虫世界充分利用生物时钟表现日常行为的，以蜜蜂为最。大家所熟悉的"蜜蜂语言"，就是以肢体动作来传达食物资源的讯息。它主要利用太阳定位，然而太阳的方位会随时变换，因此在不同的时间，传递讯息的"蜜蜂语言"势必要进行校正。而且当天气有变化时，譬如一阵雷雨或一场大风造成环境的改变，蜜蜂若再次出巢觅食，也势必要修正它的"语言"，才不会有所失误。这种计算时间的变异而调整行为模式的能力，就是生物时钟功能的充分展现。

生物时钟虽然能提供时间讯息，但是无法提供瞬间的讯息，让生物作生死的抉择。生物时钟只能让生物体内的生化反应，按照特定的时刻表呈现出正常的生命现象，至于与其他生物互动的反应，就往往依赖随机的结果。

例如一只夜行性的雄天蛾，当夜晚来临时，它体内的新陈代谢会从白天的休息状态慢慢复苏。当黑暗完全笼罩大地后，它的生理状况已达活跃的程度，在内在生理及外界刺激下，它起飞去寻找配偶。在飞行途中，触角突然侦测到空气中混有雌天蛾的性荷尔蒙，于是它就循着这些化学轨迹，向雌天蛾所在的地方找去，希望借着夜色的掩护，能避开天敌的捕食，顺利找到配偶。

然而不幸的是，一只饥饿的蝙蝠正利用它所发出的超声波的回音，锁定了这只雄天蛾。如果这时雄天蛾的体能正达高峰，对外界讯息的敏感度超强，它就会利用自由落体式的失速方式，马上从正常的飞行轨迹上消失，以逃过一劫。这种生死一瞬间的互动，并不是由生物时钟所掌握，而是由时机来决定的。

生物时钟的证明

如何证明昆虫体内具有生物时钟呢？这是一个相当专业的问题，实验者必须把环境中一切外界时间的讯息移除，让昆虫在这种环境下生存，然后观察它特定的生命现象是否出现固定周期的律动。这种证明方式一般而言是相当困难的，因为在自然界是无法用观察来确定生物时钟的存在的。不过若造成昆虫产生时差，则能反证生物时钟是存在的，因为只有在体内生物时钟与外界时间无法同步时，才会发生某些不正常的现象。

例如当你晚上坐在沙发上看电视时，一只蟑螂突然从角落奔出，往沙发椅下钻去。这说明晚上亮灯的状态造成蟑螂体内生物时钟与居家环境产生了时差。因为蟑螂是按照自己的生物时钟活动的，而明亮的环境代表黄昏尚未结束，因此蟑螂迫不及待地出来伸展筋骨，哪知会遭横祸。这种偶发事件的出现，证明这种比恐龙年代还久远的活化石昆虫，具有生物时钟。

年周律动

我国南部热带与亚热带地区，四季并不分明，相对于生活在四季分明的温带区昆虫，需要利用休眠或迁徙来避开寒冬，南方大部分的昆虫则不必经历这些严峻的环境考验。再加上昆虫寿命普遍都很短暂，因此以1年为周期的生物时钟，在热带与亚热带区的昆虫体内并没有体现。不过仍然有些生活在较高海拔山区及纬度较高地区的昆虫，由于冬季环境恶劣，就需要发展出具有年周期的生物时钟，来适应这种剧烈季节变化的环境。

一般而言，昆虫利用日照长短作为季节变换的指针，然而纬度正好跨在北回归线上的地区，夏季与冬季的日照时间并没有很大的差异，不过仍然有一些昆虫以日照长短来代表季节变化，例

如蚜虫就保有许多温带地区昆虫所特有的有性繁殖与无性繁殖世代交替的生活方式。在早春时，从受精卵孵化出来的雌蚜虫会在初级寄主植物上，以孤雌生殖的方式生长繁衍。当族群数量变大时，会飞到次级寄主植物上，快速以孤雌生殖方式继续繁殖。秋季来临，有翅型的雌虫会再飞回到初级寄主植物上，仍然以孤雌生殖方式产出有性的雄虫与雌虫，二者会交配产出受精卵，并以受精卵的形式越冬，然后周而复始。

因此在我国南方也可以发现一些寿命较短的昆虫具有年周律的生物时钟，至于年周律时钟与日周律时钟是否为同一型或二者之间以何种固定模式互动，目前尚未有定论。

自然选汰的作用

自然环境充满着不可预知的危险，因此动物的生存之道在于选择适当的地点、正确的时间、适宜的行为。倒霉的早起虫儿被鸟儿吃掉，是因为体内的生物时钟出现了异常，因此赔上了一条命。相反的，吃到虫儿的早起鸟儿则高兴万分，得以继续成长繁殖，享受正确时间性所带来的好处。这些复杂的情境与反应，并没有经验或智能的参与，而是千万年来自然选汰的作用，选出具有这套标准行为准则的动物，在特定的环境下，使它成功地生存繁衍。

《科学之友》2007（9）

一亲一抱泯恩仇

钟震宇

生活在社会中的人们，免不了会发生一些冲突，如何处理冲突是一门学问。一笑泯恩仇，当然是最好的解决方式，但还是有许多人抱定"君子报仇，十年不晚"的想法。综观古今中外那些动荡不安的地区，就会发现它们有一个共同之处，那就是冲突的双方总是针锋相对、以牙还牙，其结果是暴力冲突不断升级，带来难以想像的灾难。由此看来，人类似乎并不擅长处理冲突，相反，有许多动物倒是化解冲突的能手，或许我们可以从它们身上学些化解冲突的技巧。

解决冲突的能手

斑点鬣狗非常善于社交，像其他组织严密的群居动物一样，它们之间的关系并不总是永远和睦相处的。但是，斑点鬣狗心胸开阔，从不记仇。在厮打结束5分钟后，刚才还势不两立的对手便一起玩耍，相互舔舐和磨蹭，或者采用其他友好行为来消除彼此间的紧张关系。

在有关冲突和解的问题上，斑点鬣狗并不是唯一喜欢用亲吻、爱抚来和解的动物，我们的近亲灵长类动物非常善于化解冲突。科学家已经证实，有大约27种灵长类动物能和平解决它们之间的内部纷争。有这样一个典型例子：有一头年轻的雌性黑猩猩，经过黑猩猩头领身边时，与头领发生了冲突，挨了一顿打后逃到了一边。起初，这只雌性黑猩猩抚摸被打的部位，然后躺在草丛里，眼睛呆呆地望着远方。大约一刻钟后，它慢慢站起来，径直朝黑猩猩头领走去。快要靠近头领时，它用温柔的咕哝声向对方打招呼，然后伸长胳膊，让对方亲吻自己的手。头领则把它的整只手掌放进嘴里亲吻，而不是敷衍了事。经过一番亲热之后，它们开始嘴对嘴接吻。事实上，多数动物都是采用这种方式来化解冲突，即一方在冲突中败下阵来，主动向对方提出和解，对方也欣然接受，于是双方重新和好。

根据动物学家观察，虽然海豚的脸上似乎永远挂着灿烂的微笑，但它们却相当好斗，而且海豚也是解决冲突的能手。曾有动物学家在对一小群宽吻海豚进行研究时发现，在一场战斗结束后，争斗双方经常会"轻微地磨蹭"或"接触性游泳"。在"接触性游泳"时，争斗一方还会拖着另一方在水中穿行，以此来化解刚刚发生的不快。

斑点鬣狗常在发生争斗后的几分钟内就用舔舐、相互磨蹭来化解矛盾

意大利研究人员发现山羊群体中也存在这种和解的现象。在山羊之间的所有互动行为中，有16%是先前发生冲突的两只山羊做出的和解行为，包括梳理和相互磨蹭等。而同属反刍动物的

鹿，同样也是处理冲突的高手，尤其是在发情交配的季节，雄鹿们为了争得与雌鹿的交配权而发生激烈的争斗。为了避免无谓的伤害，它们解决冲突最常用的方法是，双方事先进行实力评估，如果两者实力相差较大，弱者自觉离开，表示臣服，从而避免发生激烈的冲突；如果两者实力相当，冲突在所难免，事后它们也会相互磨蹭、舔舐，表示和解。当然，并不是全部的冲突发生后都是以这种方式结束的。

选择和解的理由

动物选择和解来解决冲突，这对于冲突双方以及种群的稳定都有很重要的意义。因为和解行为有利于修复相互紧张的关系，放松攻击后敌对双方的焦虑情绪，减少再次互相攻击的频率，等等。在冲突中处于弱势的一方主动提出和解，有利于它继续留在稳定的种群中，保证其生理和心理的健康。但是，当被打败的个体表示和好时，为何战胜方也愿意和解呢？原因是占主导地位的个体也能从和解中获得好处。因为如果不接受对方和解，说不准下一次复仇之箭就会射向自己，导致焦虑和不安，从而增加肾上腺皮质激素的分泌，导致免疫系统受损，容易感染疾病。有研究人员就和解前后的动物的各项生理指标进行测量对比，发现和解能使发生冲突的双方心率下降。这就是和解有利于动物健康的依据。

如果两只长尾恒河猴因为食物方面相互依赖，那么即使双方发生了不愉快，它们也会用抚摸方式来和解

另外，激烈的冲突常会导致个体受伤甚至死亡，从而破坏了群体的稳定性。如果在每一次冲突中被打败的动物个体不选择和解而是离群远去，那么这个群体就会处于持续的动荡状态，从而遭遇食物减少以及被其他动物群体打败的危险。即使那些被打败的个体留下来，如果不进行和解的话，它们也可能面临着难以进行合作而不能获得足够资源的困境。相反，做出和解行为的动物则会避免上述厄运的发生。所以，对动物而言，化干戈为玉帛也是一种生存策略。因此，如果发生冲突的双方不愿意化解冲突，就会有第三方来充当"和事人"，对冲突双方进行调停。

人类应该向动物学习和解

有动物学家给和解行为定义为：对立双方在争斗后不久出现的友谊修复，不仅包括友好的身体接触，也包括一些"含蓄"的和解信号。经常可以直接观察到的和解行为有理毛、拥抱、舔舐和亲吻。因此，所有的和解行为并不是个体攻击冲动随时间的延长而减弱，而是动物对社会关系的主动修复。这说明动物社会除了竞争的一面，还有合作容忍的一面；同样也说明动物能意识到自己在群体中的地位，意识到环境对自身的约束。在动物种群中，攻击对种群显然是一种不稳定的因素，如果一个群体总是处于不断的冲突之中，那么群体成员就不可能长久地生活在一起。因此，群居生活的个体为了维系它在群体中的生存，为了维护群体的利益，必然采取某些方式来有效解决冲突。

在动物界，和解行为的发生很普遍。目前，一些生态学家正在进行动物和解行为的理论研究。他们试图用"成本—收益"模式来预测潜在的敌对者会在何时何地用非挑衅性的手段解决争端，以及在何种环境下动物们会采取特定的和解行为来降低冲突升级的概率。有科学家用了10年时间对恒河猴和桩尾猴进行了研究，提出了自然和解可以通过"耳濡目染"方式学会的理论。

恒河猴非常具有侵略性，极少选择和解；而桩尾猴在和解方面极具天赋。研究人员把恒河猴的幼崽和桩尾猴的幼崽放在一起饲养后发现，桩尾猴的幼崽对年龄稍微比它们小的恒河猴的幼崽施加了积极影响，这样恒河猴的幼崽对其他恒河猴的行为逐渐变得友善起来。看来，在动物群体中也存在"近朱者赤，近墨者黑"的现象。

自古以来，人类社会中冲突不断，为何我们就不能更加宽容一些呢？诚然，人类之间的交往关系远比动物复杂得多。即便这样，我们是不是也应该从动物界的和解研究中获得一些启示呢？

《科学画报》2005（12）

水下居民的"奇婚"

褚双林

在地球上3.6亿平方千米的水域中,生活着约1.3万种鱼类。千差万别的生活环境,形成了鱼类多种多样的生殖特性,说起来真是妙趣横生,我们不妨从鱼儿的"婚装"谈起。

五颜六色的婚装

有些鱼类在生殖期来临时,雄鱼的身体颜色会发生变化,有的体色变浓加深,有的显现出非常鲜艳的色彩。例如,麦穗鱼在生殖季节身体变成浓墨色;罗非鱼、刺鱼体色变得艳丽多彩,像珍珠般闪闪发亮;隆头鱼全身变得鲜红,还夹杂有橙黄色的斑纹,并有五六条青绿色的细条。

很显然,鱼类的"婚装"是其在生殖期吸引异性的需要,鲜艳的体色会格外受到雌鱼的注目和喜爱。鱼类学家通过研究发现,鱼类的生殖季节之所以会出现"婚装",是性腺分泌性激素的结果。

有趣的是,一些种类的雄鱼,除了身着"婚装"外,还佩戴"首饰",如鳊鱼、鲫鱼等,它们分别在鳃部或胸鳍上,生出一些突起物,犹如"耳环"、"胸花"和"胸针",科学家称之为"追星"。

狗鱼结婚"夫怕妻"

狗鱼凶残而狡猾，然而它们的"婚姻"非常浪漫。每当生殖季节来临，雌鱼便一动不动地伏在水草边，静静地等候着雄鱼的到来。平时，雌鱼对雄鱼非常凶暴残忍，因此雄鱼见到雌鱼总是避而远之，生怕被雌鱼咬伤。可是在生殖季节，雌鱼就变得温顺多了，当一群雄鱼出现时，雌鱼便慢慢地游向雄鱼，雄鱼也小心翼翼地靠近雌鱼，雌鱼先将不顺眼的雄鱼赶走，只留下它所喜欢的。这些被选中的雄鱼似乎有点受宠若惊，显得异常兴奋，便洋洋得意地游近雌鱼，并把它包围起来。此时此刻的雌鱼不但不凶狠，相反还显得有些"害羞"呢！接着追逐"恋爱"便开始了，这时的雌鱼极度兴奋，冲破包围圈飞快地游去，雄鱼随后紧紧追赶，它们之间还相互争风吃醋，不时地搏斗、厮杀，然后再去追赶已游远的雌鱼。当雌鱼感到疲倦时，便停下来稍事休息，随即开始翻转，并逐渐加快翻转速度；雄鱼在雌鱼身边游来游去，不时地用身体顶撞雌鱼，不一会儿，水面上便出现一条条白色的鱼白，雌鱼沐浴在鱼白之中，一颗颗亮晶晶的卵由此产生。完成繁殖使命的雄鱼赶紧逃之夭夭，否则将会受到雌鱼的袭击。

角鮟鱇结婚爆"奇闻"

一般来说，鱼类成双配对，雌雄的体型大小差别不大。但是，在神秘莫测的海洋深处，却有大小相差极其悬殊的很不相称的"婚配"。如吉康鳗，雌鱼的质量将近50千克，而雄鱼却不到1.5千克。也就是说，一个细小的"小丈夫"，娶了一个"大胖媳妇"，这种"侏儒"与"巨人"的"奇婚"，简直令人难以置信。

更令人称奇的是角鮟鱇的寄生"婚配"，其雌雄两性的体型大小相差更为悬殊。一条 1 米多长的雌角鮟鱇，它的雄性配偶却不到 9 厘米。由于这种鱼生活在伸手不见五指的海洋深处，再加上它们行动迟钝，因此寻找配偶非常困难。为了克服这种不利的因素，在茫茫大海中，雄鱼一出世便赶紧寻找雌鱼。雄角鮟鱇一旦遇到雌角鮟鱇，它就用口部吸着在雌鱼身上，唇与舌也渐渐同雌鱼的皮肤相连接起来，最后完全愈合在一起，双方的血管彼此相通。就这样，雄鱼完全依靠雌鱼通过血液输送来的营养维持生命，过着寄生生活。雄鱼的嘴、牙、鳍和鳃也都慢慢地退化了，只保留着生殖器官，以便繁衍后代。从此，它们偕老共死，永不分离，这种奇特的寄生"婚配"，在鱼类中实属罕见。

风流多情的刺鱼

刺鱼身体细长，尤其尾柄分外修长。在脊背上长 3 根刺的叫三刺鱼，长 9 根刺的叫九刺鱼，最多可长 15 根刺。我国只有三刺鱼和九刺鱼两种。

每年到了繁殖季节，刺鱼便从海洋游到江河里去产卵。当雄鱼找到适合的产卵场所时，便开始筑巢。巢筑好后，雄刺鱼还要对自己修饰打扮一番，它的体色变得鲜艳起来，背部变成青色，腹部呈淡红色，眼睛也闪着蓝光。雄刺鱼漂亮的仪表往往能博得雌刺鱼的一见钟情。为了争夺"新娘"，雄刺鱼要进行一场殊死的搏斗：它们用身上的刺做武器来攻击对方，战败者被刺得遍体鳞伤，只好仓皇逃命；胜利者便与雌鱼结为伉俪。

有趣的是，雄鱼在向雌鱼"求婚"时，还要跳"蛇形舞"。它跳着欢快的"舞步"，慢慢将雌鱼引向巢边。如果雌鱼到了巢

口还"害羞"而不愿进去,雄鱼就竖起刺来触动雌鱼将其赶入巢里。雌鱼入巢产下2~3粒卵后扬长而去,雄鱼就进巢排精,这段"姻缘"就此便宣告结束。雄刺鱼是个"喜新厌旧"的家伙,"新娘"一旦离去,"新郎"便另找新欢,又去追求新的雌鱼进巢产卵,一直到卵把巢底铺满,雄鱼才停止觅侣活动。

半边鱼忠贞不渝

"半边鱼"这个名字,听起来很古怪,的确,它因外形奇特而与众不同:身体一边凸起、有鳞;而另一边则扁平、光滑、无鳞,看上去好似半个身体的鱼,故而得名。

在人们的印象中,鸳鸯是美和爱情的象征,它们总是成双成对、形影不离地厮守在一起,所以人们常常用鸳鸯来比喻对爱情的忠贞。而半边鱼也恰似鸳鸯,雄鱼和雌鱼总是相亲相爱地生活在一起。更为有趣的是,它们在前进中每当遇到险滩急流时,雄鱼和雌鱼就将身体扁平的一面相互紧贴在一起,两条鱼合二为一,齐心奋力溯流而上,如果其中一条鱼游不动,另一条鱼绝不会独自离去。因此,当地人流传有"爱情要像半边鱼"的赞美诗句,以此来喻示人们对待爱情的忠贞不渝。

《科学之友》2006(10)

海洋动物的绝妙自卫

曹玉茹

生活在茫茫大海里的各种动物,它们要想生存下去,在海洋中占领一席之地,以至不被大自然所淘汰,那么它们就必须能适应外界复杂而险恶的生存环境,可是它们又如何适应这种大鱼吃小鱼的种间斗争呢?一句话,需要本事,要有自卫能力,否则就会被大自然所淘汰。不过生活在浩瀚无垠的海洋世界里的各种动物,它们的自卫方式和手段,还真是五花八门,各有特色,令人赞叹,令人叫绝!

章　鱼

章鱼可不是鱼类,它属于软体动物。它长得很特别,全身有八条像带子一样长的脚,弯弯曲曲地漂浮在水中,所以渔民又把章鱼叫八带鱼。

章鱼

章鱼力大无比,残忍好斗,足智多谋,不少海洋动物都怕它。

如果章鱼碰到了敌害，首先出来护卫自己的便是它的八条触手，在每条触手上又有很多个吸盘，无论什么动物被它的触手缠住，都是难以脱身的。当它休息的时候，总有一两条触手在值班，即使睡着了，值班的触手也在不断地向着四周移动着，如果发现了有什么异常情况或有什么东西轻轻碰到了它的触手，那么它就会立刻跳起来，与对方搏斗。

　　有的时候，章鱼遇到了劲敌，它为了逃生，在紧急情况下，能从身体里往外放射浓浓的墨汁，顿时海水变成一片漆黑，趁机先把自己藏起来，接着它要观察敌情，是进攻还是后退。

　　章鱼为了保护自己，不被敌害所发现，能使自己的身体改变颜色，变得和周围环境协调一致，可以说章鱼的变色能力极强。有位科学家在报纸上介绍解剖章鱼时，即将快死掉的章鱼会立刻改变了体色，使身体上奇迹般地出现了黑色字行和白色空行的黑白条纹。章鱼怎么会有这么魔术般的变色术呢？原来在它的皮肤下隐藏着许多色素细胞，里面装有不同颜色的液体，又在每个色素细胞里面有几个扩张器，可以使色素细胞变大或缩小。章鱼在恐慌、激动、兴奋等情绪变换时，皮肤都会改变颜色。控制章鱼体色变换的指挥系统是它的眼睛和脑髓，如果某一侧眼睛或脑髓出了毛病，这一侧就固定为一种不变的颜色了，而另一侧仍可以变色。不过双目失明的章鱼却不见得完全失去变色的能力，这是因为它触手上的吸盘也能接受光的刺激，如果再把章鱼的触手全部砍去，它就变得苍白无力了，再怎么使劲也不会变出漂亮的颜色。

水　母

　　在一处海滨浴场，披着浴巾，戴着墨镜的人们正在沙滩上休息，一些孩子还在海水中嬉耍。这时从远处飘来一群小"帆船"，浅蓝而透明，在阳光的照耀下不时地闪烁着光彩，在"帆船"的下面还拖着许许多多柔软的"绸带"。多么漂亮啊！孩子们都争恐后地游过去观看。游在最前面的那个小孩用手一把抓住了"小船上"的"绸带"，这一抓不要紧，他哇的一声惨叫，随后就不省人事了。幸亏及时送到医院才保住了性命，却在胳臂上留下了一条条红肿的伤痕。

那么这些漂亮的"小帆船"是什么东西呢？为什么这么厉害呀？原来这是一种水母，它属于腔肠动物，主要生活在温带、亚热带、热带地区的海洋里。它的全身只有一个腔，既是进食的入口，又是排泄废物的出口，它的全身90%是水，外形像一把圆伞，在伞盖的周围有许多触手，又在触手上分布着许多的刺细胞，每个刺细胞便是一个含有毒素的囊，如果水母遇到敌害的时候，它就会从刺细胞中弹出一根空心的管丝，毒液顺着管丝流进了动物或人的体内。

毒液最强的要属北极霞水母，它的伞盖直径有2米，触手多达1200多条，在每条触手上又布满了众多的刺细胞，它的触手全部伸长可达40米，犹如布下了一张致命的天罗地网，令人不寒而栗。

我们无论是在海下作业，还是在海中游玩，如果看到有像小伞样的东西在水中漂浮着，千万不要用手去触摸，那是相当危险的。

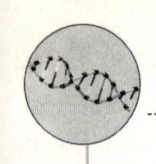

海 参

大家对海参并不陌生，海参属于棘皮动物，在它那细长而肉乎乎的身体上长满了肉刺，颇像一条黄瓜，所以有人又称它为海黄瓜。在海参身体的前端中央有一个小孔，这是它的嘴，周围有一圈圆柱状的触手，这是它捕食的工具。在身体的腹面有许多管足，可以在海底泥沙中爬行。

我们在吃海参的时候，觉得它很软，以为它没有骨头。其实不然，在它身体里有两千万个小骨片，不过它的骨片大多退化而埋在它的体壁内。

我们可以从海参的小骨片上，了解出它的发展史。早在6亿年前，海参就出现在地球上了，几经沧桑，凭借着它用"丢车保帅"的独特方式，终于保留了下来，成为人类餐桌上的美味佳肴。

海参

海参行动虽然缓慢，但在生存的竞争中，练出了一套本领，在大敌当前而且是万分危险的时候，它为了保全自己，竟能把内脏"送"给对方，自己趁机赶快溜走。也许你会问："这个动物内脏都没有了，它还能活吗？"我们说这条海参不会死，因为它的再生能力极强，过不了多久，又会长出一副新内脏。

刺 鲀

在热带海洋中，一只很像水球样的东西在水面上滚动着。突然，一条凶猛的大鱼，张着长满利齿的大嘴向着"水球"冲过来。只见"水球"立即膨胀起来，竖起满身尖利的刺，顿时变成一只可怕的"大刺球"。由于这条大鱼游的速度太快，一时没刹住"车"，竟被"刺球"扎得满嘴流血，狼狈地游走了。

这个"刺球"原来是一条鱼，叫刺鲀。它的身体构造很特殊：在肠子的前下方，有个向后延长呈袋状的囊，刺鲀一旦遇敌，它就会立即冲到水面上，张开嘴吞入空气，使气囊中充满气体，待危险过去，它又要以很大的力气从鳃孔及口中排出空气，身体才能恢复正常。

刺鲀

飞　鱼

风平浪静，蓝色的海洋上空掠过一只海燕，海面上漂浮着几片绿色的海藻。突然，平静的海面被"劈开"一条水道，一条银光闪闪的鱼腾空而起，令人惊叹。

原来这是一条飞鱼，远远地望去，飞鱼像鸟类一样，长有两只"翅膀"，鱼儿怎么能有翅膀呢？准确地说，飞鱼并不会飞，只是在空中滑翔，因为它的"翅膀"和鸟翼的结构不同，没有羽毛，而是一对非常发达的胸鳍。飞鱼一般体长为20～30厘米，胸鳍竟占体长的2/3，它的尾鳍呈叉形，上尾叶短，下尾叶很长。飞鱼在起飞之前，它又先将胸鳍和腹鳍紧贴身体的两侧，像一艘潜水艇，然后在一定的角度上迅速游到水面，用强有力的下尾叶使劲地击水，得到冲力后，便张开翅膀似的胸鳍腾空而起，

在空中滑翔一阵子，便落入水中。如果在斗争激烈的海洋中，一旦飞鱼碰到敌害，它便使用飞出水面的办法逃避敌害，从而保护了自己。

鲫 鱼

在大鲨鱼的腹部，经常会看见一个椭圆形的痕迹，是谁这么大胆，竟敢在鲨鱼的腹部盖上"图章"？是鲫鱼。鲫鱼个体不大，体长一般为60~80厘米，它经常吸附在大鲨鱼、大海龟的腹部或轮船的底部，在浩瀚的大海中作"免费旅行"，多么的逍遥自在啊！当鲫鱼看到浮游生物或大鱼吃剩下的残渣时，它会立即离开宿主，饱餐一顿，然后再继续作"免费旅行"。

鱼类一般有一个或两个背鳍，鲫鱼的第一个背鳍已变成了一个椭圆形的吸盘，长在头顶上。吸盘的构造也很奇特：吸盘的中间有一条纵线，将吸盘分成两部分，每一个部分有22~24对软质骨板，排列得很规则，周围还有一圈薄而富有弹性的皮膜。鲫鱼如果见到大船、大鲨鱼和海龟，它就会立即游过去，将吸盘贴在它们的腹部，同时竖起皮膜和软质骨板，把吸盘中的水挤出，使吸盘变成一个真空的"小屋子"，这时靠水的压力就能帮助鲫鱼身上的吸盘牢固地吸附在其他的物体上了。鲫鱼的个体不大，本身又没有特殊的武器，如果遇到了敌害，它就会迅速地吸附在其他动物身上，免遭一劫。

发 电 鱼

世界上能发电的鱼类约有500种，发电能量较强的当属电鳗。电鳗是一种生活在南美洲亚马孙河和圭亚那河下游的鱼类，体形和鳗鲡相似，最大的电鳗体长达2~3米，体重30千克。

在能发电的鱼类中，电鳗可称为冠军，它能往外放出500伏

电鳗

特的高压电流，有的电鳗放出的高压电甚至超过 800 伏特。这么强的电流足以能够击毙水中的动物。即使是凶猛的鳄鱼，也常常因捕食电鳗而被强大的电流击中。

电鳗的发电器呈长方形，成对生长在靠近尾部的脊椎两旁，与神经相连，电鳗能自由控制自己的"发电机"，因而能发出强弱不同的电流。电鳗就是靠着自己能往外放电而进行捕食，御敌和照明的。

最近，科学家对电鳗的生理进行了研究，发现电鳗发出的电流能使体内的水分解为氢和氧。氧直接进入血液，使血液富氧化，这样电鳗在较浅的河中也能生活。氢进入肠管，由口排出，因此，在捕捉电鳗时，常常可以看到它从口中吐出的氢气泡。

豹 鳎

海洋中生活着一种比目鱼，它叫豹鳎。身体扁平，全身布满了像豹子皮一样的斑点。有一天，鲨鱼发现不远处有条鱼，它垂

涎欲滴，便立即猛冲过去，原来是一条豹鳎，别看它平时行动缓慢，经常在海底泥沙中慢慢地爬行。它能在斗争激烈的海洋世界中生活至今，没有被无情的大自然所吞噬，看来确实要有绝招。大鲨鱼见到豹鳎张开血盆大口刚要去咬，你也许认为豹鳎只有坐以待毙了吧。只听"呲！呲！呲！"这条弱不禁风的豹鳎为了保命，在万分紧要关头从身体里往外放出乳白色的剧麻液，顿时使得海洋霸王大鲨鱼张着嘴使劲地摇着头，扭动着身体，显得万分痛苦的样子。大约过了有20分钟，大鲨鱼才闭上嘴，很不情愿悻悻地游走了。

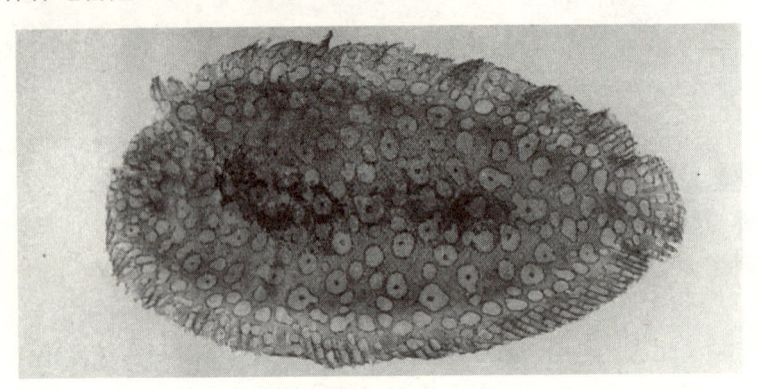

豹鳎

美国一位生物学家曾用尼龙绳拴住一条活的豹鳎作诱饵，实验证实了豹鳎确实能麻醉鲨鱼，而且它所分泌的剧麻液即使稀释了也照样能麻醉各种海洋动物。目前，生化工作者正致力于人工合成一种剧麻剂，如果该项目成功，将对海下作业人员防鲨提供新的途径。

舌头趣谈

柯永亮

动物的舌头,形形色色,功能各有千秋,但都为拥有它的动物的生存"鞠躬尽瘁"。

舌头的出现

生物学家称舌头为"口腔内增生的肌肉,完成运送食物和识别味道的任务"。舌头的出现经历了非常漫长的过程,早期的生物并没有舌头,比如,文昌鱼至今依赖它的细小的纤毛推动食物,似乎也不需要感觉食物的味道。动物舌头的进化是从鱼类开始的,鱼的口腔里长着黏膜皱褶,没有肌肉组织,严格说来,这不是真正的舌头,只是舌的雏形。但是,它却能出色地输送食物。鱼的口腔里虽然没有味觉感受

长颈鹿的嘴唇够不着树叶,它的舌头伸出来帮助,伸出的舌头可达半米多长。此外,长舌有助于它疏通和清洁鼻孔内部

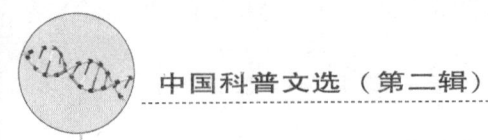

器，但它的身上多处地方都有能够辨别味道的感觉细胞。

水生动物进化为陆生动物的过程，对舌头的进化起到了至关重要的作用。时而生活在水中、时而出没在陆地上的两栖动物单单依赖体表来分辨味道已没那么容易了，为了避免味觉感受器变得干燥而失去作用，隐藏在口腔里的真正意义上的舌头就这样出现了。两栖动物的舌头除了能辨别食物味道外，还有捕食的功能。比如，青蛙的舌头根部着生在口腔底部的前端，舌尖分叉，表面布满黏液。平时，它将舌头卷曲在口腔里面，当见到食物时，舌头就像子弹一样弹射而出，百发百中，迅速地把食物卷进口内。

爬行动物的舌头

爬行动物的舌头终端分叉，机动灵活，能伸出口腔很远的距离。舌头不断地伸出又缩回，其目的是尝试味道，比如，蛇通过这种方式接触前方的物体，然后将舌又收回到口腔上壁的两个敏感窝内。只要获取极微量的物质，爬行动物就能对此进行"微量分析"，探索猎物的踪迹、水源以及在发情期找准伴侣。因此，舌头成了一个敏感的分析仪器。

蛇的舌尖分叉，蛇用它来接触外界物质，并进行相应的生化分析

澳大利亚蜥蜴常张开嘴，吐出银白色的舌头以吓跑敌人

蜥蜴的舌头还充当精巧的捕猎器。长形的纵向肌肉和环形的横向肌肉交替收缩，时而将舌头瞬时收回，时而吐出。因为舌头里充满血液，所以蜥蜴舌头强健而富有弹性，伸出舌头的长度可达10厘米，相当于它的整个身长。这种长舌的往返弹射速度之快，为其他动物所望尘莫及。

变色蜥蜴的舌头伸缩自如，相当灵活，具有高超的技能，能在十分之一秒内弹出袭击猎物

鸟的舌头

对于鸟类，舌头首先是它们吞咽食物的工具。正因为如此，它的构造必须完全与饮食的方式相适应。大多数鸟的舌尖是角质的，但在舌底柔软的部分有许多味蕾，能识别甜、苦和咸的味道。鸭子获取食物时，要对水和水底的淤泥进行过滤。于是它们的舌缘布满毛边，以便筛选昆虫和小鱼虾。蜂鸟和吸蜜鸟的舌头蜷缩成小管状，那是吸取花蜜的需要。鹦鹉的舌头又肥又厚，表面覆盖着坚硬的角质物，是敲碎胡桃等果实的理想工具。它们在啄入果实后，用舌头将果实送往嘴的内侧，并把果实夹紧，一直到硬壳破裂。

啄木鸟的舌头功能更为奇妙。啄木鸟一旦发现树干里的幼虫，就先用喙在树上敲出一个小洞。但是，要获取隐藏在洞中深处的幼虫，它的喙显然不够长。这时，它那前端角质的钩状舌头就派上用场了：舌头伸进洞内触摸虫子，然后轻而易举地将虫子钩出洞口。啄木鸟的舌头尽管很长，但伸缩性较差，它们用另一

种方式来解决：舌头借助环绕颅骨并固定在鼻上的一个长条物带动，从口腔推出。随着舌下肌肉的收缩，牵动舌头运动。

哺乳动物的舌头

哺乳动物的舌头经历了长期进化，其功能更趋完善。比如，猛兽将捕捉物撕成块，塞进口，通过舌头调配，送到不同的咀嚼部位。要知道，动物的牙齿分工是不同的，门齿用以撕裂块头不大的肉，像鹰嘴的"钩牙"用以打碎骨头，后面的牙齿用以嚼碎。哺乳动物将食物从这颗牙移到另一颗牙，舌头操作起来相当灵便。

更有意思的，一些哺乳动物如老虎、豹子等猫科动物，舌头上还有角质的"锉板"，似钢针密布。这类舌头被称为"齿舌"。它们用舌头舔骨头，能把上面的残肉刮得干干净净。还有，反刍动物如牛，它们的舌头替代了"手"的作用：靠它握住草丛，然后塞进口中嚼烂。食蚁兽的舌头好像带黏性的钩杆。食蚁兽将长达60厘米的舌头插进蚁穴，然后收回，接着又插进、收回，每分钟可达160次。

鹰的舌头末端角质，便于它摄食

大部分哺乳动物饮水时用舌头舔，也就是用舌头汲取水。狗在饮水时，舌尖往上卷水，而猫饮水时则相反，用的是舌尖下折的方式。嘴巴窄小的动物能够汲取到水，是舌头进行活塞式动作的结果。

哺乳动物的舌头还有一个重要的功能，便是帮助幼仔吮吸母乳。可以说，没有舌头的这一功能，所有哺乳动物的物种的延续可能要中断，其生存要受到威胁。

作为示觉器官，哺乳动物的舌头可谓将此功能发挥到极致，味觉感受器覆盖着整个舌头的表层。最近的研究发现，哺乳动物的舌头不仅能鉴别出酸、甜、苦、咸，还对脂肪和血腥味敏感，其中啮齿类动物如老鼠的舌头特别擅长"侦察"食物中的脂肪酸。

哺乳动物的舌头还是平常维护卫生的工具，如猫、狗认真地用舌头舔身上的毛发或伤口。这不仅起清洁作用，还可加速伤口的愈合，因为它们的唾液中含有加速伤口愈合的细胞。

一些兽类动物的舌头还是一个非常重要的体温调节器。比如，狗在炎热的夏季，常常把舌头伸出口外，气喘吁吁。这是什么缘故？原来，狗的身体表面汗腺少，想单靠分泌汗液来调节体温是十分困难的，而舌头上血液循环特别旺盛，利用舌头上水分的蒸发，起到降温的作用。

再就是，哺乳动物的舌头是发音的工具之一。灵长类动物的口腔结构与人相似，能发出许多不同的声音，其中就有舌头的辅助作用，但是，它们发出的声音不是语言，曾有研究人员尝试教类人猿说话，但都以失败而告终。

人的舌头

在进化过程中，动物的舌头总是与动物的捕食和辨别味道联系在一起。尽管大多数生活在水中的低等动物没有气味和味觉感受器，但它们通过其他这样或那样的器官合作，共同形成了化学物质的感受器，这些感受器位于头部、身体的侧面或突起部位。在地球上，不需要舌头的无脊椎动物的数量远比脊椎动物多得多。它们也能通过一些特殊的手段捕获食物，并且将食物送进口

腔的深处，比如，许多珊瑚虫、海蜇、鱿鱼的触须充当了这一角色。外观上这些触须与舌头相差甚远，可是注意观察触须上的感觉化学刺激的细胞，你会发现，两者依然有相似之处。

那么，舌头独特的地方在哪里？要知道，舌头与众不同之处并不在于运送食物、分辨食物，这些功能其他器官也能胜任，关键是，舌头将这诸多功能集于一身，并且恰到好处地与呼吸道联系在一起。当这些变化得到进一步完善时，人的舌头便出现了——它将进食、品味和交际的功能融为一体，而只有人类才有的语言，正是舌头逐步完善的产物。

《科学画报》2006（9）

中国科普文选（第二辑）

生命探秘

人与动物

REN YU DONGWU

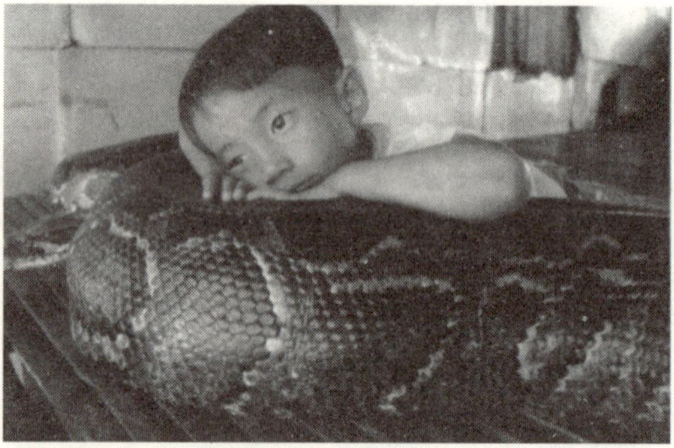

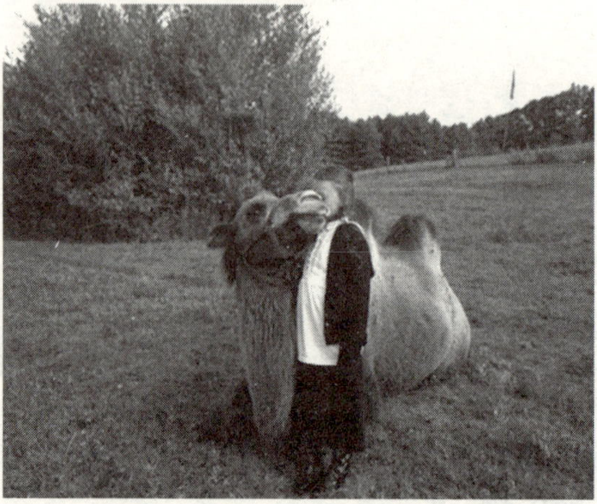

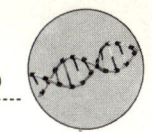

鳄口余生的女科学家

金 石

玛莉莲是美国专门研究爬行类动物的科学家,她长年生活在条件艰苦的亚马孙河流域,掌握了许多有关美洲鳄、蜥蜴、蛇等爬行动物的第一手资料。然而,最近,玛莉莲在美国《自然探秘》杂志上发表了一篇文章,此文未提到她的研究成果和科学发现,而是讲述她在一条人迹罕至的河流上与凶猛的美洲鳄为邻两昼夜的惊险故事。不少读者在为她的传奇经历感到惊叹的同时,也从一个侧面了解到,野外科学工作者的生活并不是人们所想象的那样浪漫迷人,而是充满了艰辛困苦,甚至时刻面临着死亡的威胁……

糟糕！猎枪走火打中了小美洲鳄

2002年7月下旬的一天，我和同事——湿地研究专家杰斯先生一道乘船在亚马孙河的支流——瓦塔纳河上游弋。瓦塔纳河流域分布着许多湿地，是野生动物栖息的乐园。我们此行的目的就是测量各个水文点的温度、深度和流速，为爬行类动物的生存环境收集相关数据。其实，我们的考察船比丛林中印第安人使用的独木舟大不了多少，没有任何动力装置，仅有两支桨，船上装载着一些食品、饮用水、药品、睡袋和考察仪器等。

下午，考察船驶进了一片漂浮着密集水生植物的狭窄的河段，两岸树林的枝桠在河段上空交织在一起，形成一片难以透风的树网，光线也随即暗淡下来，能见度很差。杰斯手持猎枪站在船头注视着四周的动静，因为这种地方常有森蚺、美洲鳄等大型捕食动物，而我坐在船尾用仪器测量着有关数据。

突然，考察船撞上了漂浮在水面上的一截腐烂的木头，船体震荡了一下。站立船头的杰斯重心不稳，身体开始摇晃起来，他搭在猎枪扳机上的手指不由自主地抖动了一下，随着一声巨响，猎枪走火了！这种猎枪装备的是威力巨大的霰弹，能在一瞬间将美洲狮的脑袋轰出一个碗大的洞。

走火的霰弹射入船舷左前方的一簇水草中，立即激起一片水花，但让我奇怪的是，水花溅起后并没有马上落下，而是反复激荡。我仔细一看，不由倒吸了一口冷气，原来霰弹不偏不倚地击中了匍匐在水草中的一条小美洲鳄，它挣扎着翻腾了几分钟后就浮尸水面，鲜血染红了河水。

我研究美洲鳄已经有很多年了。我知道小美洲鳄很少单独活动，它的附近一定有成年的鳄鱼，而且美洲鳄非常爱护幼子，如果遭到外敌侵扰，成年鳄鱼会奋不顾身地冲上前去攻击对方。我立即叫杰斯从船头下来，但他似乎没有听见。果然，一公一母两条身长足有 5 米的大美洲鳄从水草丛里朝我们的考察船扑来，它们丑陋的眼睛里闪烁着凶光，不时示威似的张开血盆大口，好像要把杀死它们爱子的"凶手"一口吞下。

我们只得奋起自卫了。杰斯不停地朝鳄鱼附近的水面开枪，试图吓退它们的进攻，但这一招只让它们犹豫了几秒钟，失去爱子的愤怒使它们继续朝考察船扑过来。我使劲地划桨，想尽快离开这片危险的水域，但由于河道里水生植物太茂密，考察船行驶得非常缓慢。

眼看着美洲鳄就要接近船体了，杰斯只得瞄准鳄鱼的身体射击，他的枪法虽然比较准，每一枪都射中了，但美洲鳄身体的脆弱位置主要在腹部和眼睛等周围，而其他部位都包裹着钢铁般坚硬的皮肤，即使是威力巨大的霰弹也奈何不得，因此要想伤害它们并不容易。

突然，那条公鳄鱼张开了大嘴，杰斯也许意识到这正是杀死它的良机，于是迅速将霰弹射进了它的嘴里。随着一声巨响，血花飞溅，那条被轰掉半个脑袋的公鳄鱼沉入了水中。母鳄鱼更加愤怒了，它快速潜游过来，杰斯瞄准它的眼睛开了一枪，它的右眼顿时成了一个血窟窿。

但让我们意想不到的是，那条母美洲鳄并没有因为受伤而退却，而是继续猛扑过来。它用强壮有力的鳄尾横扫考察船，船体立即剧烈地摇晃起来，站在船头的杰斯一个踉跄栽进了水中。当我用手去拉他时，那条母美洲鳄迅速用宽嘴咬住了杰斯水下的双腿，我听见他发出了一阵接一阵的毛骨悚然的叫喊声。

我和美洲鳄在落水的杰斯之间进行着拉锯战，很快，精疲力竭的我不仅没有把杰斯拉上来，反而被杰斯的手拖到了河水中。船体在我身体的压迫下开始倾斜，里面的所有物品全部都掉进了水里，好在考察船在倾斜过程中被一根突出水面的树桩卡住了，才没有完全倾覆。

我费力地将考察船重新翻转过来，想再去拉杰斯时，水面上

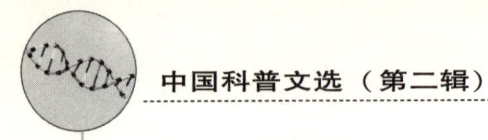

已没有了他和那条美洲鳄的影子,只有一串串血泡和一块块衣服碎片从河底缓缓升起。

恐怖!复仇的美洲鳄与我形影不离

恐惧使我全身瑟瑟发抖。在多年的野外考察中,我遇到过各种险情,但从来没有像今天这样害怕过!我眼睁睁地看着自己朝夕相处的同事被美洲鳄吞食,这种感觉让我如万箭穿心般难受。

我全身湿漉漉地坐在船上,因为这艘考察船没有任何动力装置,而两支木桨也在船倾斜时掉进了水中,我只能既焦急又无奈地看着船随波逐流。我知道瓦塔纳河有320多千米长,全程绝少人烟,而且我们设在丛林里的考察站只留守着一个工作人员,我出发前告诉她,我和杰斯可能要三四天才回来,所以要想有人意外地发现我,那简直是奇迹!另外,河中有不少险滩和汹涌的暗流,水里还潜伏着森蚺、食人鱼等可怕的动物,它们随时可能置我于死地。所以,要想活命,我必须赶紧逃回岸上。

然而,没有了木桨,我怎样才能将考察船靠到岸边呢?我将手伸进水中,使劲地划动,然而船依然向下游漂去。更要命的是,很快,我就被迫将双手从水里面拿出来,因为我看见一群食人鱼朝我快速游过来,而它们尖锐的牙齿能在几分钟之内将一只涉水过河的庞大野牛啃噬得只剩下一副白森森的骨架。

食人鱼无功而返了。我正准备跳进河中游上岸时,又发现了一个可怕的情况:那条刚刚吞食了杰斯的美洲鳄睁着一只血淋淋的独眼,不紧不慢地跟在考察船后面!我赶紧坐到船的中央,放弃了跳水逃生的念头。也许是因为受了伤,也许是因为刚才吞食了猎物,美洲鳄并没有立即向我发起进攻,但是我能够看见它独眼中的凛凛凶光。看样子,它还想找我为它的爱侣和幼子复仇!

暮色降临了,瓦塔纳河的夜晚显得格外迷人,各种动物的啼唤声、风吹动草木的声音、河水冲刷礁石的声音组成了一首神秘

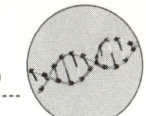

的丛林奏鸣曲,而星星和月亮错落有致地点缀在夜幕上,发出宝石一般的美丽光泽。但是除了我,大概不会还有人想到在如此迷人的夜色中还隐藏着巨大的凶险。

我看不到那条美洲鳄潜伏在哪里,但是多年和鳄鱼打交道的丰富经验,使我能嗅出它身上散发出来的独特气息。我知道它一定躲在某个地方窥测,等待着我跳进水中自投罗网。我故意重重地用拳头敲了敲船帮,果然,那条美洲鳄打破沉默,"哗啦"一声冲了过来。但当它意识到上当受骗后,立即恼羞成怒地扬起鳄尾朝船帮狠狠地扫来,考察船顿时摇晃起来。

不过我已汲取了下午翻船的教训,不再惊慌失措地乱动,而是老老实实地坐在船的中央,用双手拼命撑住左右两边的船舷以保持平衡。所以,尽管船在不停地摇晃,却并没有倾覆的危险。美洲鳄见攻击并不奏效,默默地躲到一边去了,准备寻找新的机会。我再也不敢挑逗它,于是裹紧身上单薄的衣服,靠在船上度过了一个疲惫而漫长的不眠之夜。

第二天早晨,雾霭刚一散去,我就看见那条美洲鳄在离考察船20米远的地方凶狠地瞪着我。昨天下午一直到现在,我没有喝一滴水、吃一口食物,早已是饥肠辘辘,但是船上预备的食物和饮用水都掉到了河里,我拿什么来解渴和充饥呢?这时,船已驶出丛林掩映的河段,刺疼皮肤的阳光直射下来,我很快就感到饥渴难忍。我以飞快的动作捞起船舷旁的一些水生植物,但我皱着眉头嚼了几小口,就被强烈的腥味刺激得忍不住呕吐起来,而且我还惊恐地发现,那些水生植物上趴着不少蚊子卵和水蛭!

瓦塔纳河的水流非常缓慢,这虽然有利于考察船的正常漂流,不至于完全失控,但也极大地影响了船速,而这意味着我漂流到有人烟的地方要耗费更多的时间。我不能坐以待毙,如果等到别人发现我,也许我早就脱水或饿死,我必须寻找食物,保持充沛的体力与美洲鳄周旋。

既然水生植物不能食用,我就得设法找点别的什么东西吃。

当一条银白色的小鱼在阳光下跃出水面时，我立刻想到了捕鱼。我有一些野外生存经验，曾经在一本《自救手册》上见到过用头发捕鱼的介绍。很幸运的是，我有着一头茂密的金发。我拔下几根长发 将它们搓捏在一块，然后两边各打上结，这样就成了一根最原始的"鱼线"。我将一片水生植物的叶子拴在"鱼线"的末梢，将它在水中慢慢拖曳，它划起的细小鳞浪吸引了一些游在水面浅表处的鱼。这里的鱼因为几乎没有受到过人类的侵扰，不懂得害怕，所以很快就有几条小鱼游过来。待它们游到我触手可及的地方时，我迅速伸出手抓住其中一条带出水面。

可惜没有火来烧烤鱼，但我已顾不得许多了，立即将鱼肉一片片剥离下来塞进口中，尽管难以下咽，却总算可以填饱肚子。接着，我又将一根弯曲而坚硬的鱼刺拴在"鱼线"的末梢，用它挂上吃剩的碎鱼肉来做鱼饵，这样钓起鱼的机会就大大增加了。

我做这些的时候，那条美洲鳄一直用恶狠狠的独眼瞪着我，它很有耐心，不放过任何一次可以置我于死地的机会。当我正准备将捕到的一条较大的鱼拉出水面时，那条美洲鳄竟然迅速扑过来，用满是利齿的大口叼住了鱼。幸好我及时把手缩了回来，不然很可能也成了它的腹中之物。

获救！黯然神伤的美洲鳄消失在水中

又一个夜晚降临了，那条美洲鳄仍然没有离去的意思，它始终不紧不慢地跟在考察船的后面。一旦我发出大一点的响动，它就会迅速游过来，吓得我不敢轻举妄动，只好在潮湿的空气中心惊胆战地挨到天明。

一根粗壮的"树木"若隐若现地浮在河面上，当考察船经过它身边时，我伸手去想将它捞上来当木桨用，但我一碰那根"树木"，它自己就动起来。我这才看清，那原来是一条背部有

着暗褐色花纹的森蚺!森蚺受到惊扰,立即掉头朝岸边游去。这时,那条美洲鳄迅猛地扑了过去,用利齿咬住了森蚺的尾巴。森蚺不甘心束手就擒,它翻过身来死死缠住了美洲鳄的脑袋。两条凶猛的爬行动物就这样在水里拼命厮杀起来,一时间,浪花和血水四溅。

我暗自庆幸,美洲鳄终于有了一个解气和充饥的猎物,如果它吞食了森蚺,也许就没兴趣跟踪我了。考察船离美洲鳄和森蚺厮杀的战场越来越远,直到我看不见它们时,我才敢脱下鞋子和外衣跳进水中,然后拼命向岸边游去。但我估计错了,当我刚刚游出考察船不到10米远,无意中回头时,竟发现有一个物体在右后方悄无声息地向我迅速游过来。

"上帝!"我大叫起来,我已意识到那个物体是什么,因为那露出水面的凛凛的凶光是我再熟悉不过的!我抬头看了看前方,离岸边还有近百米的距离,也许不等我游到一半远,我就成了美洲鳄的腹中之食,于是我赶紧掉过头朝考察船游去。就在我狼狈不堪地爬上船时,那条美洲鳄已经游到了船舷边,它用尾巴激起一串巨大的水花,示威似的张开恐怖的大嘴,仿佛在警告我不要忘记它的存在。它的头顶上还沾着一些血迹,也许那条森蚺已经被它咬成了碎片。

我余悸未消地蜷缩在船上,口里在不停地咒骂着那个该死的水中"魔鬼"。可是我又知道这并不是美洲鳄的错,它不过是在为它死去的爱侣和幼子复仇,而起因是我和杰斯无意中先伤害了它们。既然选择了科学研究工作,我就必须承担由此而来的危险。有时候,人和动物之间为了自身的安全会产生一些矛盾,我们是难以解决这一自然规律决定的现实矛盾的,所以只能想办法去适应它们。

漂流了整整两天,我仍然没有在考察船经过的流域发现人烟,如果再这样任船漂流下去,我肯定是死路一条。因为我知道在瓦塔纳河的下游,不仅分布着许多险滩、暗礁和急流,还有落

差高达10多米的瀑布群，其中的任何一种险况都可能让我丧命。

连日的单一进食，使我一看到鱼，胃部就忍不住痉挛，最后连绿色的胆汁都吐了出来。但尽管这样，我还是强迫自己将那些腥臭的鱼吃下去，否则我会在烈日下因缺乏体力而休克。那条美洲鳄总是跟着我，我似乎从它丑陋的宽嘴上看见了一缕嘲讽的笑容：哼！看你还能坚持多久！

一架直升机的轰鸣声使我欢呼起来，我知道那一定是亚马孙丛林深处那个大型木材公司的飞机，我曾经和公司的总裁威德先生共进过晚餐，他还用直升机把我送回了考察站。我用尽气力站起来，拼命地挥舞着手臂，撕扯着喉咙呐喊着。但是，我想驾驶员并没有看见我，直升机径自飞走了。我徒劳地坐下来，苦苦思考着怎么样才能引起驾驶员的注意，因为我想他也许还会驾驶飞机经过这里。

我正在思考时，突然考察船被一股急流冲向附近的一块礁

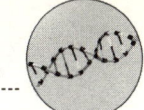

石，我猝不及防，当船体和礁石接触的一瞬间，我被高高地抛了起来，然后摔到了水里。那条美洲鳄趁机朝我猛扑过来，我拼命往考察船游去。就在美洲鳄快要咬住我时，我猛地一缩腿，然后使劲朝它的那只独眼蹬去。

美洲鳄被我蹬了个正着，它忍痛潜到了水下，等它恢复元气重新准备发动攻击时，我已经爬上了船。在船上，我发现自己刚才被抛起来时，从外衣口袋里掉下来一块镜子，这是我梳妆用的，已经摔成了好几块。我突然想到《自救手册》上介绍，如果用镜子对着阳光不停地反射光线，即使是在数千米远的高空，飞机的驾驶员也能够看见反光。就在我欣喜若狂时，我发现了不对劲的事：船舱里的水越来越多！

原来，刚才那一下猛烈撞击使船头裂开了缝隙，河水渗了进来。我赶紧将衣服打湿，然后塞住裂缝，接着用双手将船舱里的水往外面舀。然而，船头的裂缝在水的压力下越来越宽，尽管我累得汗流浃背，船舱的水好像仍然没有丝毫的减少。看着那条时刻准备将我吞食的美洲鳄，一股绝望的情绪开始慢慢地浮上我的心头。突然，我隐隐约约听见了引擎的轰鸣声，我意识到是直升机来了，我立即停止了舀水，将那几块镜子碎片拼凑在一起，然后对着太阳的强光不停地作间歇性晃动。一刻钟后，直升机朝我飞来，并且降低了高度，同时，一架软梯子缓缓地放了下来。

登上软梯的瞬间，我忍不住看了看那条与我为邻了两昼夜的美洲鳄，它睁着一只独眼茫然地盯着我，仿佛不明白即将成为它腹中美食的我怎么突然到了半空中，但很快它就没入墨绿的河水中。于是，瓦塔纳河面上只剩下了一圈圈在太阳下闪耀着道道金光的涟漪……

《自然与科技》2007（1，2）

和巨蟒做伴的男孩

陈钰鹏

小松巴特手上牵着风筝在自家的院子里奔跑,尖声叫喊着,弄得满院的鸡扑扑振翅,飞过篱笆,落在房前的碎石路上。只有几头牛和一只杂交狗继续在木棉树下打盹,它们对松巴特的游戏已经习以为常了。

松巴特在放风筝

突然,风筝缠在了树上,尖尖的树枝将它一剖为二。松巴特开始哭起来,但是他没有更多的时间为风筝惋惜,母亲基姆·卡纳拉把这位5岁的小男孩叫进屋里,因为来自首都金边的客人已经到了——周末经常有客人来,这些从城里来的人都想见见男孩,和他接触接触,从他那儿得到一点佛教的真谛。松巴特在柬埔寨被看作神童,因为他有一个蟒蛇弟弟——一条已成年的巨

蟒。他们每晚睡在一张床上。

前世就是弟兄

"松巴特出生3个月的时候,蟒蛇来到我们家,爬到他的床底下。"36岁的母亲卡纳拉回忆道,"当时蟒蛇只有70厘米长,身体并不比扫帚柄粗。从此,这条大蛇就再也不离开小松巴特了。"母亲对蟒蛇和她儿子的关系只能作这样的解释:"他们前世肯定是兄弟。"柬埔寨人都认为,松巴特和蟒蛇是非常特殊的一对生命,理应受到人们的尊敬。

在窄小的茅屋里,来访者围着一个小小的佛龛。从白花花的阳光底下走进6口之家的客堂,眼睛先得习惯屋内的黑暗。照明用的光来自一支不断闪烁的氖光灯管,它是由一个旧的12伏汽车蓄电池供电的。在柬埔寨农村,几乎没有可从插座获得的电流,有一个蓄电池已经相当奢侈了。

一个青铜菩萨、亮晶晶的图画及彩色的三角旗点缀着佛龛,佛龛下面放着一张摇晃的木板床,紧挨着床便是巨蟒的空笼子。5米长的巨蟒正躺在床底下阴凉的地上,身体靠着一个暗角。每个客人都从基姆的手里取来几根发出微光的棒

松巴特和蟒

蟒蛇有5米长,100千克重

香，为松巴特做个默祷，在神蛇前鞠个躬，然后将冒着浓烟的棒香插在一个红色花瓶里。几分钟后，拥挤的房间里便充满了棒香的烟雾，熏得人直流眼泪。

朝圣者的心愿

这些首都来的朝圣者相信，看到蟒蛇和这位男孩会交好运的，这就是他们来这里的目的。他们给松巴特几张弄皱了的钱币，算是捐助，就像在寺庙里所做的一样。佛教徒相信人死后还能投生，投生是无穷无尽的循环；而捐钱是为了改善自己的全部因果报应。

对松巴特而言，这一仪式进行得太长，他似乎在挂念着缠在树杈上的风筝，风筝比他手上的几张纸币更重要。她母亲正好相反，她欢迎钱。基姆·卡纳拉在一家小纺织品加工厂做工，通过缝纫裤子、衬衣和上衣，她每个月能赚40美元，勉强维持生计。

朝圣者们想在亮处看看蟒蛇的全长，于是让松巴特演示他是如何偎依巨蟒的。基姆·卡纳拉把她丈夫和小叔子叫来，因为她一个人无法把这白天睡觉、晚上活跃的家伙弄到房子外面。两个男人把100千克的蟒蛇搬到了露天里。

和蟒一起玩的男孩多开心啊

这条蛇吃得很好。"它每个星期吃3只鸡，有时吃4只，是我到邻村的市场去买的。"基姆·卡纳拉边说边抚摸着蟒蛇带鳞的皮。人们问她，怕不怕巨蟒攻击她的小松巴特。"不怕，不会发生这样的事情，"她说，"松巴特是龙年出生的，这一点能保护他避免地上的一切危险。"

大家终于来到了外面。巨蟒躺在凉爽的竹床上,松巴特躺在中间,抱着蛇头,蟒蛇一动不动。到后来,它觉得时间太长了,便慢慢地爬回房子,回到它那凉快黑暗的角落里去。

5岁的松巴特和蟒蛇拥抱在一起,毫无惧色

贪心不足蛇吞象

每个人几乎都见过蛇吐舌头:蛇从几乎是闭着的嘴巴伸出分叉的舌头,来回动着。这时,舌头接受周围环境的气味分子并传递到腭部一个所谓的雅可布森器官——锄鼻器(腭骨前方的一个深凹,开口于口腔顶部的前方,在大多数蛇类中十分发达,在人体中已退化),它的表面布满极为敏感的嗅觉细胞,从而产生嗅觉。

大自然还为蟒蛇配置了一个特殊的器官——热测位器,它位于吻鳞或唇鳞上的一个深凹——唇窝,可以感知摄氏0.026度的温差。因为每一种哺乳动物都会发出热量及红外线,所以蟒蛇即使在黑暗中也能通过猎物发出的热来确定其位置,将其捕住。

世界上约有60种左右的蟒蛇,它们体型大小不等,如:一条王蟒大约可长到1米长;但一条虎蟒可长达5米;而最大的蟒蛇是生活于南美的水蟒,长可达10米。蟒蛇远在人类出现以前(约1.4亿年前)就已生存在地球上了。分布于中国及东南亚地区的蟒蛇表皮花纹如网状和格子状,很容易欺骗猎物,因此可以与猎物靠得很近而不被发现。蟒蛇主要吃哺乳动物、鸟类和大蜥蜴,也能把一头猪给吞了,时而也能听到关于某地的网格蟒杀死了一个小孩之类的报道。

看过蛇吃活物的人,是不会忘记那惊心动魄的场面的。看似

一动不动的蟒蛇会在几秒钟内突然扑上去，死死咬住猎物，然后将猎物的脖子和胸部盘紧，慢慢让其窒息，再用发达的牙齿和肌肉把它一点一点送进消化道，整个过程隔着蟒蛇的身体也能看得一清二楚。蟒蛇是无毒蛇，它们也没有必要带毒，因为它们有足够的能力置对方于死地。曾经发生过这样的事情：2004年，泰国南部有一条蟒蛇自己窒息而死，因为它企图吞下一头30千克的小牛犊。难怪有人会这么说——贪心不足蛇吞象。

蟒蛇家养好吗

动物学家认为家养蟒蛇的问题应具体对待，小的蟒蛇可以家养，没有问题，但养大蟒蛇需采取安全措施。蟒蛇生活在人的家里，如果生存条件合适，它们会觉得比在大自然更舒服。然而人与蟒蛇之间不会产生类似于人与狗之间的关系。蛇不是群居动物，家养蛇只能说是蛇的一种容忍。饲养馆里的蟒蛇大多数是人工培养出来的，它们能习惯于人。动物学家认为，男孩松巴特和蟒蛇之间其实谈不上友谊，对蟒蛇来说，它只是在茅屋里有了一个舒服的睡觉地方而已。所以，小孩和蟒蛇之间的关系只能说是一种共处和并存的关系。

家里养蛇是危险的，甚至有生命危险。从大蟒的个头来看，它完全可以把小孩吞下去。

《自然与人》2006（3，4）

我和狼一起唱歌

罗 勇

2001年6月，风华正茂的小伙子罗勇大学毕业后来到重庆永川野生动物园，被分配到狼区做饲养员。4年来，他想方设法融入狼群，模仿它们的语言尝试着与狼沟通，人狼之间结下了浓浓亲情……

初入狼群

四年前第一次走进圈养的狼群时，我吓得两腿发软，片刻间感觉灵魂出窍了。求生的本能促使我挪动脚步走出防护电网外，之后便一屁股坐在了地上。我知道狼群是不敢靠近电网的，因为曾经有一只狼碰到电网触过电，此后一旦有其他狼不注意向电网靠近，那只狼便会发出吟叫提醒同伴。狼与狼之间互相交流的语言十分丰富，它们很团结。

看到我从"狼"口脱险时的那副狼狈相，分管我们的老专家沈庆永前辈笑得前仰后合。他从包里拿出一盘VCD给我，那是国外科学家在自然保护区与狼共处的真实情景，这也算是给我上了第一课，改变了我对狼的陈见。事实上，沈总的帮助，在我后来对狼的研究中起到了至关重要的作用。他见多识广，经常给我带来有关狼的书籍，和我聊有关狼的话题。没有他，我就教不

出会唱歌的狼。

尽管我相信狼并不是邪恶的象征，但狼毕竟是狼，它们有着尖利的犬齿和炯炯有神的眼睛，那气势就足以让人心惊胆战。

每次从狼群边经过时，我总是小心翼翼的。我不敢背对着它们，心里虽惧怕但还得打肿脸充胖子，摆出一副满不在乎的姿态。偏偏有只体形较大的狼老爱跟着我，我走它走，我停它停。我弯下腰捡根树枝想吓唬它一下，没想到它根本不吃这一套，一双眼睛依旧冷冷地望着我。直觉告诉我，它并不想伤害我，或许只是想跟我接近，只不过它不太会表达感情。于是我大胆地伸出手摸了摸它的头。它顺势往我身边靠，用头磨蹭我的腿，第一次让我感受到了来自狼群的友谊。我给它取了个充满乡音的名字："大狗"。

和狼接触的最大困难就是建立信任。这首先是人的错，人总是认为狼十恶不赦、阴险狡诈，所以在面对狼时高度警觉，生怕对方心怀不轨。狼能读懂人的表情，人越是心虚恐慌，狼也越敌视人。可为什么有狼收养小孩的报道呢？我想那是因为小孩天真，不怕狼，只知道努力爬到狼的腹下吃奶。这个举动最初也许让狼十分惊讶，但后来它发现这个弱小的生命并不会对自己造成威胁，于是便承担起了抚养小孩的责任。

自从第一次与"大狗"沟通之后，它每天都会跑来跟我玩，另外几只胆大的狼看到后也想跟我接近，但它们天生胆小，总是与我保持一步的距离。我一遍又一遍地伸出双手鼓励它们，学着大狗常发出的友善的吟叫声呼唤它们，

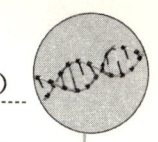

终于让它们跨过了那一步之遥的障碍，与我建立了信任关系。

人狼手足情深

我常常呆在树林里观察狼群的行为。狼把大部分时间都用在追逐嬉戏上，这种看似游戏的行为事实上是一种捕猎训练。偶尔它们之间也会发生一些小小的争斗，但不会造成伤害。这种小争斗从狼的幼年期就开始了，通过争斗，每只狼会逐渐确立在狼群中的社会地位，因为等级制度是维系一群狼生存的必要条件。头狼必须具备能征善战、足智多谋的素质。有时我摘来成熟的橘子抛出去让它们抢，每次总是"大狗"抢到的最多。我想，"大狗"以后一定会成为这群狼的首领。

然而好景不长。一次暴雨后，从山坡上滚下的一块石头砸中了"大狗"的脑袋。我抱起"大狗"飞快地奔回操作间，用毛巾擦去从它嘴角不断渗出的鲜血。抱着不停抽搐的"大狗"我心急如焚，等到兽医赶来时它已命归黄泉了。我嚎啕大哭了一场，几位在场的兽医也欷歔不已。

那时的我是一个童心未泯的人，我把狼当成了可爱的狗，而四号母狼的死才让我真正成熟起来。

七月的重庆酷热无比，狼群的活动量及食量也明显减少。有一天收狼回笼舍时，我发现四号母狼突然后腿一软，倒在地上，但随后它又像没事似的站起来去叼了块肉。等到第二天上班时，我见它每走出几步便摔一跤，便把它单独关在一间较为阴凉的房间里疗养。兽医说，它因为腰椎受损，引发了偏瘫。

从此，我每天又多了件事，就是护理这只偏瘫的母狼。它的状况越来越差，开始还能站起来走出两步，后来连站立都很困难，只能拖着后腿往前爬。我在离开一米远的地方鼓励它站起来，可它刚一站起来便倒下，如此反复尝试十几次，依旧只能拖着身子行走。那一刻，我的眼睛湿润了，虽然它可能再也站不起

来，但已经很努力了——多少次它都没有放弃。我被它强烈的求生欲望和坚强的意志深深地感动了。我告诉自己：一定要让它重新站起来！我找来卷绷带托起它的后肢，每小时绕着小运动场走一圈。

这样坚持了一个月，四号母狼仍不见好转，身体瘦得皮包骨头。为了减轻它的痛苦，领导决定对它实施安乐死。那天，它吃完最后几块肉，便艰难地拖着身子到水槽边喝水。我的心里犹如刀绞一样难受，不争气的泪水在眼眶中不停地打转转。我把它抱过来，把它的头轻轻放在我的腿上，抚摸着它，然后拿出兽医准备好了的麻醉药，战战兢兢注入它的体内。过了一会儿，它便安然熟睡了，自始至终没有吭一声。此时，我再也控制不住自己，眼泪决堤而下……

与"大狗"嬉戏

我是"头狼"

教狼唱歌

狼给了我太多的欢乐，在平淡无奇、单调枯燥的工作中它们一直陪伴着我，我也越来越爱它们，并努力用所学的知识把他们喂养好。

2004年3月，母狼朵朵产下了5只小狼崽。刚出生的小狼崽浑身体毛乌黑，但20天后就渐渐变成了灰黑色。每当我靠近产房时，朵朵就会扑打铁门以示警告。我发现有只小狼被朵朵遗弃在水槽边，如果不救的话，它必死无疑。当我把那只小狼抱出来时，它的整个身体冰冷冰冷的。我把它塞进我的毛衣里，让它紧贴着我的身体，几分钟后小狼柔嫩的爪子开始拨动，并发出微弱的嘤嘤声，这让我看到了一丝生命的曙光。我赶紧下山买来奶粉兑上，用奶瓶送到它嘴边。小狼一定饿坏了，叼着奶头猛嘬起来。

那些日子里我在寝室里喂小狼。小狼夜里也要吃很多次奶，我常常被它饥饿的叫声吵醒，喂完奶后还得用热毛巾给它刺激排便，搞得我疲惫不堪。但每当我看到它那双又圆又漂亮的眼睛时，困意便消失得无影无踪。我捏捏它的小鼻子，轻声责备：你这没娘要的小淘气鬼，害我不浅啊！

小狼开始吃肉之后，我便不再把它带回寝室。但我想，如果这时把它放回母狼窝里的话，母狼一定会咬死它。没办法，我只得让它住单间。小狼对我有强烈的依赖性，我不在时它会像大狼一样把鼻孔指向天，奶声奶气地嗥叫，表达内心的孤独。

我给小狼起了个名字叫"秀袖"，因为它看起来比兄弟姐妹们小许多，在重庆"秀"有娇小的意思；而我又对它寄予了很大希望，希望它长大后能成为狼群的领袖，故用了个"袖"字，叫起来也蛮顺口的。

"秀袖"长得很快，3个月时已有60厘米长了（从鼻到尾尖

的长度)。我尽可能不让它独处,它会跟着我跑上跑下,我弹吉他时它就会侧耳倾听,时不时也会用小爪来拨弄琴弦。也许是长时间熏陶的缘故,每次弹琴的时候它会显得很兴奋,摇头又摆尾,嘴里不时发出哼哼声。我的同事们也很喜欢它,经常逗它玩。"秀袖"从小没有母亲,有很多技能它还不会,比如规范的嗥叫。据我了解,狼的嗥叫声至少有三种:一种声音比较高亢,拖得比较长,这是用来远距离召唤同伴或集体"唱歌"的,每一声嗥叫能持续10秒钟以上;第二种是受到威胁时的叫声,声音比较短促且带有犬吠,一声在6秒以内;第三种叫声比较低沉圆润,这是表达孤独哀怨的意思,比如母狼痛失小崽,或者是在显得很无助的情况下,一声也在10秒以上。我把"秀袖"招到身边,学着狼的姿势仰天嗥叫,捧着它的脸教它如何发音。"秀袖"很聪明,没两天就学会了。

"秀袖"会像模像样地嗥叫了,这着实令我兴奋不已,我知道成就它的时候到了。我不厌其烦地在它面前弹琴唱歌,刚开始时它仍像以前那样乱哼哼,于是我便不唱歌词,边弹琴边嗥叫,它也跟着嗥叫。但这不够,它还不能掌握歌曲的婉转高亢和抑扬顿挫,所以我在嗥叫的时候故意改变传统的嗥叫方式,用不规范的嗥叫声来配合旋律,"秀袖"听久了也就能掌握一部分了。最后我再按人的语言唱歌,适当的时候我会给它动作和声音提示。比如唱《我是一匹来自北方的狼》,开始的时候唱得轻柔些,把原谱改为分解和弦弹,"秀袖"嗥得也比较低沉。唱到"我只有咬着冷冷的牙"那一句时,我就开始扫弦,故意弹得重一些、快一些,并且我的头会向天仰,给它动作提示。这时"秀袖"知道乐曲的高潮部分来了,它也会抬起头,清理一下嗓子,伴随着过渡的短促犬吠声后,声音便嗥得高亢起来。整首乐曲从开始到结尾,"秀袖"把三种通常的嗥叫声都表现得淋漓尽致。

与狼共舞

2004年7月的一天，沈总又给我带来一本关于狼的书——姜戎先生的小说《狼图腾》，我几乎一口气就看完了它。小说的主人公曾养过一只狼，后来狼因为失去自由而死去，我看着看着眼泪就流下来了。我想，换上我的话，我肯定能给这只小狼充分的自由，因为它是一只狼，不是狗，我总不能让它一直留在我身边。想到这里，我决定让我钟爱的"秀袖"回归属于它的集体。

群狼共舞

当然，我也很担心这只完全被人养育的小狼回到狼群后，群狼不接受它，甚至伤害它。我和沈总站在离门口不远的地方，看着"秀袖"天真无邪地跑到头狼跟前，用嘴去舔头狼的脸。我心里的那根弦从低音"1"直蹦到了高音"1"——也许顷刻间我的爱狼就会被撕得粉碎！我目不转睛地注视着头狼的每一个表情和它的肢体语言，如果它透露出一丝威胁的话，我就会毫不犹豫地冲上去保护"秀袖"！可出乎我的意料，头狼竟和它嗅起鼻子来，还发出友善的吟叫。随后，头狼便带着"秀袖"向小山

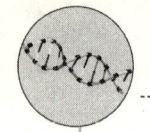

坡跑去，路经一水沟时"秀袖"无法跃过，头狼调转头叼起"秀袖"便上了坡顶……

头狼带着"秀袖"在坡顶坐下，发出一声长长的嗥叫声。顷刻间，群狼从四面八方奔来，一起"高歌一曲"，欢迎它们的新伙伴。

我想，每一个人看到这样一幕，都会为狼群的团结友爱而深深感动。没有任何一种哺乳动物能像狼一样，对它们的集体倾注那么深的感情。它们相互嬉戏，彼此关爱，配合狩猎，俨然一个和睦的大家庭。上天没有赋予狼像老虎一样锐利的爪子、像狮子一样庞大的身躯，而500万年来它们却繁衍了下来，靠的就是个体间的团结和默契，以及严明的组织纪律性。

"秀袖"回归后得到了狼群的悉心照顾，有的家族成员甚至找来食物训练它的捕猎能力，在"秀袖"饥饿时它们会把自己胃里半消化的食物吐出来喂给它。我依旧每天在山上和群狼玩着"与狼共舞"的刺激游戏——我装成受惊的猎物奔跑，它们在后面追逐。只要我发出一声长长的嗥叫，"秀袖"就会从远处跑到我的身边，琴声响起，狼人同唱《北方的狼》。在"秀袖"婉转的嗥叫声中，岁月的点点滴滴在眼前浮现……

《自然与人》2005（9，10）

泣血深情

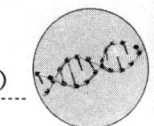

李端俊

加拿大南部林海莽莽的罗布森山区，有一个人烟稀少的甘达峰林场。7年前，一场森林大火吞噬了甘达峰林场将近80%的树林，老林场主忧郁过度而离开了人世。他的独子，30岁的奥尔特成了林场的新主人。

奥尔特曾在温哥华一家商业银行工作，与他一同回到甘达峰林场的还有新婚妻子辛娅，辛娅曾是温哥华一家医院的护士。奥尔特回林场后就雇人漫山遍野地种植树苗。

冬去春来，一晃7年过去了。当年栽下的那些小树苗已经树干挺拔、枝繁叶茂。这期间，奥尔特夫妇已经习惯了林场与世隔绝的恬静生活。只是在每月初，奥尔特夫妇才会驾驶父亲留下的那辆微型货车去100千米外的卡默拉镇采购一些食物和生活用品。12月初的一天，奥尔特夫妇开车前往卡默拉镇的途中，在一个山道拐弯处被一辆突然迎面开来的越野车撞上，坐在驾驶室一侧的辛娅当场被撞断下肢，不省人事。幸好奥尔特只受了点轻伤，他迅速把辛娅送到卡默拉城中心医院，经过医生的抢救，辛娅保住了性命，但她的下半身却永远瘫痪了。

这场突如其来的车祸给奥尔特夫妇幸福的婚姻生活蒙上了阴影，奥尔特整天毫无怨言地照料卧床不起的妻子。但他心里却在为另一件事暗暗着急，他的爱妻因为车祸失去了生育能力！

辛娅实际上早已想到自己给丈夫带来的巨大精神压力。尽管

她仍然深深地爱着奥尔特,但一想到丈夫失去得太多,她就深感不安。她觉得只有离婚才能让丈夫彻底解脱。经过再三考虑,辛娅对奥尔特说:"亲爱的,我们离婚吧。你应该开始新的生活。娶一个健康的妻子,那样我会好受些……"奥尔特没有料到妻子会主动提出离婚,他心里充满了矛盾:作为一个正常的中年男人,他确实需要有美满的婚姻生活,也渴望有一个孩子,然而,离婚后谁来照料辛娅呢?面对妻子的离婚请求,奥尔特一时难以接受。

辛娅知道丈夫是放心不下自己,便想出了一个主意,她对奥尔特说,她可以住到疗养院去,距甘达峰林场563千米的埃德森城有一所疗养院。"那儿的条件非常好,会有经过培训的护士照料我,我会生活得很愉快……"辛娅故作轻松地说。奥尔特对妻子的话半信半疑,他决定自己先去一趟埃德森城,实地考察那所疗养院的医疗设施和服务质量。

绘图:宋昀

第二天,奥尔特驾车来到埃德森城的疗养院,疗养院一流的服务和先进的设施令他非常满意。于是他决定回林场把妻子送到疗养院来,只有妻子在这儿得到良好、周到的照顾,他才能问心无愧地与她离婚。

从疗养院出来后,奥尔特又专门到市场买了13.5千克新鲜牛肉,这是妻子最爱吃的。在送辛娅来疗养院之前,他要加倍地照料妻子。

奥尔特把牛肉和其他生活用品放到车厢里，为防止行车途中偷猎者扒车，他把猎犬赛克也留在车厢里。奥尔特连午饭都没有在埃德森城吃，就匆忙启程了。

奥尔特驾车一路疾驶，下午3点左右，汽车进入了罗布森山谷的一处狭窄地带，山路两侧灌木丛生，气氛阴森恐怖。突然，奥尔特听见赛克在车厢里狂吠起来，他心里一惊，赶紧从汽车后视镜中观察车后面的情况：天哪！一头巨大的雪豹正奋力朝汽车奔来。奥尔特不知道这头豹子为什么会对他的车感兴趣，但他不想伤害豹子。奥尔特一边加快车速，一边不停地按喇叭，期望急促刺耳的喇叭声能吓退那家伙。不料，豹子全然不理会汽车的鸣笛，仍然穷追不舍，奥尔特从后视镜中能清楚地看见豹子奔跑时肩胛处的肌肉有节奏收缩，赛克不断地发出愤怒的"汪汪"声。正当奥尔特准备鸣枪吓退豹子时，赛克突然跳出车厢，狂吠着扑向豹子。

奥尔特赶紧刹车，抓起猎枪朝车后跑去。赛克显然不是豹子的对手，只一个回合，赛克就被豹子扑倒在地，幸而它敏捷地钻到豹子腹下，紧紧咬着豹子的腿肚子不松口，豹子咆哮着在原地打转，一时竟无从下口。奥尔特虽然有猎枪，但他仍然不愿意伤害豹子。在对着豹子大声吼叫无效后，奥尔特才朝豹子头顶上方开了一枪。震耳欲聋的枪声令豹子骤然停止了与赛克的厮打，它腾地一下跃起，扭头钻进了路边的丛林里，赛克气喘吁吁地对着丛林狂吠。

豹子为什么要追汽车呢？奥尔特的目光落在车厢里那块新鲜牛肉上时，恍然大悟。原来，牛肉的血水不断从车厢底部滴落到山路上，豹子是顺着汽车一路洒下的血水追踪而来的。眼下时值冬季，正是豹子觅食的困难期。

赛克呜咽着，奥尔特才发现赛克的脖子上有一道20厘米长的口子，血流不止。由于车上没有止血绷带，他赶紧将赛克抱到驾驶室中，迅速启动了汽车。

车刚开动不久，奥尔特就感到车身猛地一沉，好像有什么重物抛在了车厢里。赛克似乎也嗅出了什么，它一个劲地冲着驾驶室后的车厢吼叫。奥尔特把猎枪抓到手里，一个紧急刹车，跳下车直奔车厢！车厢里的一幕令奥尔特惊讶万分：居然又是那头豹子！它口里叼着那块牛肉，豹眼圆睁，喉咙里发出低沉的呜呜声，似乎在警告奥尔特不要阻拦它拿走牛肉。奥尔特不由得怒从心起，他把猎枪对准豹子晃了晃，大声吼道："把肉放下！"话音未落，那头豹子竟衔着牛肉从车厢里一跃而出，奥尔特猝不及防，瞬间被豹子扑倒在地，猎枪也摔到几米开外。

豹子衔着那块牛肉，低着头在奥尔特脸上嗅了嗅，那块冰冷的牛肉几乎贴在了奥尔特脸上，他紧张得大气也不敢出，心里祈祷着豹子快些离开。突然，豹子一声惨叫，那块牛肉也掉在了奥尔特身上，原来是赛克趁豹子不备猛咬了它一口，豹子恼怒不已，它扭动身子，将赛克一下子甩到地面，然后咆哮着扑了上去，赛克被豹子的两只前爪摁在地上。眼看豹子的血盆大口就要置爱犬于死地，奥尔特不顾一切地抓住了豹子的尾巴，拼尽全力向后拽，硬是把这头体格粗壮的豹子拉得倒退了好几步。"赛克，快跑。"奥尔特紧拽着豹子尾巴大声喊，忠实于主人的赛克却不愿意逃走，它再次勇猛地朝豹子扑去，一口咬住了豹子的耳朵，豹子猛一摆头，半只耳朵被赛克血淋淋地扯掉了。不幸的是，赛克还没来得及跑开就被狂怒的豹子一口咬住了脖子，可怜的赛克被豹子叼在口里，四肢拼命地挣扎着。"赛克！"奥尔特目眦欲裂，他撒下豹子尾巴，奋不顾身地冲上去用拳头猛击豹子的头部，试图让豹子松开牙齿，可豹子宁可挨揍也不松口，赛克的四肢很快就不再动弹了。看着爱犬惨死在豹子口里，奥尔特悲愤不已，蓦地，他的手碰到了地上的猎枪，痛失爱犬的奥尔特不再顾及豹子的性命，他举起猎枪，对着欲钻进树林的豹子扣动扳机。"砰"的一声枪响，豹子的身体踉跄了一下，随之消失在树林里。

奥尔特估计那一枪应该打中了豹子，他爬起来向前追去。在豹子消失的那片树林里，奥尔特果然看到地上有一滩血迹，但是奥尔特没有发现赛克的踪影。

奥尔特断定豹子中弹后不可能叼着赛克跑太远。他顺着豹子一路洒下的血迹走了几百米后，又发现了一滩血水，从刚刚被压倒的一片杂草可以看出，这头豹子伤得不轻，子弹大概打中了它的腹部，它在艰难地行走了几百米后，曾趴在这里喘息了一阵。奥尔特想，这头豹子肯定快死了，因为它已经大量失血。突然间，奥尔特脑海中产生了巨大的疑问：野兽在遇到生命威胁时应该只顾逃命，这只垂死的豹子为什么一直衔着赛克不松口呢？难道猎物比它的性命还重要？

绘图：宋昀

继续往前追踪了约 50 米后，奥尔特来到了一处高低错落、灌木丛生的山坡上。终于，他发现那头豹子倒在远处一块突兀而起的岩石旁，奥尔特慢慢地靠过去，眼前的一幕令他震撼不已：豹子已经死了，但它死不瞑目。看得出来，在它生命的最后时刻，它终于松开了口中的猎物。豹子的身体有一种临死前把猎物向前推送的姿势。奥尔特的目光顺着豹子匍匐的方向望去，他的

血液顿时凝固了：在离豹子不到 5 米的地方，一个石洞里赫然侧卧着一头瘦骨嶙峋的母豹！它的一条前肢不见了，断肢处已经腐烂，在母豹的身边散落着一些动物的骨头和杂毛。

奥尔特一切都明白了，他能想象得出，石洞里的这头母豹失去了猎食能力后，一直是靠另一头豹子的关爱延续生命。刚刚死去的那头豹子拼死猎食全都是为了这头母豹，动物间这种生死相依的感情是多么质朴和伟大啊！那一刻，奥尔特的心灵在震颤，他忽然想起了瘫痪的妻子，他为自己有过的念头而深感羞愧。一头豹子能为延缓同伴的生命而流尽最后一滴血，自己怎么能在妻子最需要关爱的时候逃避责任呢？

母豹发出的哀嚎声把奥尔特从沉思中唤醒，他抱起已经冰凉的赛克向树林外走去。过了一会儿，奥尔特又返回到石洞前，他把那块牛肉放在奄奄一息的母豹身边后，才心情沉重地离开了。

夕阳的余晖在天边燃烧，归心似箭的奥尔特驾驶着汽车飞快地朝甘达峰林场开去，他要尽快见到辛娅，给妻子讲述豹子的故事。奥尔特决心已定，无论今后的生活有多少困难和压力，他都会和妻子相依为命，白头到老。

奥尔特一回到林场，就迫不及待地给妻子讲述了那头豹子泣血情深的感人故事，辛娅也被深深震撼了。她终于放弃了与奥尔特离婚的打算。第二天，奥尔特再次驾车前往罗布森山谷，在母豹栖身的那个石洞前，奥尔特看到那头可怜的母豹已经僵硬了，至死它都没有动那块牛肉……

《科学之友》2006（12）

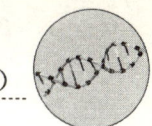

我与美洲狮同陷撒哈拉

唐黎标　王小钦

费莱德是英国一位颇有名气的考古学家,数十年来他一直致力于沙漠考古。他的足迹遍布全世界各大沙漠,其间经历了许多常人难以想象的危险。2005年10月,费莱德在伦敦出版的《旷野》杂志上撰文,讲述了他和一头美洲狮同时迷路撒哈拉大沙漠后,由相互敌视到相互宽容和相互依存,直至互相帮助一起走出沙漠绝境的传奇故事——

我和美洲狮同陷绝境

2005年6月17日,我跟随一群阿拉伯摩尔人和哈拉延人组成的骆驼商队进入了素有"死亡之海"之称的撒哈拉大沙漠,打算考察那些只在20世纪早期探险家的著述里见到过的砂岩上的史前岩画。但不幸的是,5天后的一个傍晚,骆驼商队意外地遭遇了一场特大沙暴。等灾难平息,我从沙丘中爬出时惊恐地发现,茫茫沙地只剩下了自己。顷刻间我成了一个被上帝抛弃的可怜的孩子!

虽然我在长期的沙漠考古中经历过无数危险,但从没有像现在这样孤立无援。以往我都是和同事在一起,而且也不像现在这样深入沙漠腹地。现在,我没有任何通讯设备,没有卫星定位仪,这次我必须完全依靠自己了!我开始按照指南针的指引往北

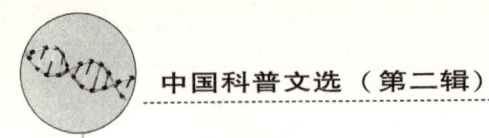

走。地图告诉我，往北的地方有一个叫塞利塔姆的小镇，沿途有一个狭窄而零碎的绿洲。烈日当头，热浪滚滚，踩在软绵绵的沙砾上，行走特别吃力。我很快就精疲力竭了，但我知道自己不能倒下，否则就会被晒成一具干瘪的木乃伊。我一天只能走大约48千米，晚上就蜷缩在睡袋中。

第二天中午，我远远地看见了两辆带着长拖厢的大卡车，我惊喜地赶紧奔跑过去，却看到了骇人的一幕：大卡车半埋在沙丘里，驾驶室中空无一人，车厢上的铁笼子里关着猴子、棕熊、鹦鹉和袋鼠等动物，不过它们早已死亡，腐烂的尸体发出一阵阵令人作呕的恶臭。我攀上卡车驾驶室，看见里面遗留有几张宣传画报，这才知道这两辆卡车同属于一个马戏团，我曾在进入撒哈拉大沙漠前见过这个马戏团的广告。可卡车怎么会开到了这里？也许是那场特大风暴让司机迷路了。

我发现一个很大的铁笼子被什么东西撞开了，我想可能有动物跑了出来。不过这个马戏团的动物并不是炎热干旱的撒哈拉大沙漠的原产动物，它们根本就不可能适应这里的恶劣环境和气候，所以我毫不怀疑即使有动物在沙暴中侥幸逃生，也不会生存下来。独行沙漠第三天的早晨，我看见远方有一个黑点，我欣喜若狂，难道有人过来了？但仔细一看，我倒吸了一口冷气："天哪，原来是一头美洲狮！"

我立即想到这头美洲狮可能是从马戏团的卡车上逃出来的。它走路一瘸一拐的，可能是挣脱铁笼子时脚受了伤。我对它能在如此恶劣的环境中生存数天感到非常吃惊。也许是长期和人打交道，那头美洲狮对我的出现并不感到特别惊讶，它警惕而默默地看了我一眼，又继续孤独地往前走。或许是因为饥肠辘辘和不适应撒哈拉大沙漠地区的热带气候，这头来自美洲的落难的狮子步态蹒跚，不时伸出舌头喘着粗气，显得非常疲惫。

我对自己走出沙漠更加不乐观起来，因为那头美洲狮随时可能因为饥饿而扑向我，我必须随时警惕它的一举一动。

我将那把锋利的阿拉伯弯刀从背包里取出来挂在腰间，尽管我知道这对于凶猛的美洲狮来说几乎无济于事，但毕竟可以让我感到一丝心理安慰。

月光下的惊心动魄

又熬过了艰难的一天，我预备的压缩饼干已经吃完了，我只能靠在沙漠里逮跳鼠和蜥蜴维持生命。如果幸运的话，我可以用打火机点燃干枯的植被，将鼠肉和蜥蜴肉烤熟了吃，但大部分情况下我在茫茫沙砾中根本找不到任何植被，只能强忍着恶心生吃那些腥气扑鼻的肉。

好在偶尔出现的零碎绿洲给我提供了水源，我暂时还不至于渴死。但连日来的极度疲劳和营养不良，使我的身体越来越虚弱。我开始出现幻觉，经常看到眼前浮动着涂满黄油的面包和鲜艳的水果。

那头美洲狮因为右前脚受伤，行走也很缓慢，它不是落在我的后面，就是跑到我的前面，但总是和我保持着两三百米的距离。它捕食跳鼠、蜥蜴比我敏捷得多。有时我还看见那头美洲狮追逐体积较大的瞪羚。不过长期生活在沙漠环境中的瞪羚行动太敏捷了，它依靠熟悉的地形和机敏的反应，经常把动物世界中的长跑健将——美洲狮轻易地甩脱。所以绝大部分时间，那头美洲狮只能眼巴巴地望着瞪羚扬起的阵阵沙尘发呆，样子十分沮丧。

毫无疑问，那些跳鼠之类的小动物并不能填饱美洲狮的肚子，因为我好几次看见它吃完跳鼠和蜥蜴后意犹未尽地用舌头舔嘴唇，然后望着我这边，并且迈动脚步试图朝我走来，两眼冒着凛凛的凶光，嘴里还发出恐吓性的吼声。每逢这个危急时刻，我就会赶紧掏出打火机，点燃从考察日记本上撕下来的纸张吓唬它。

最痛苦的还是夜晚，不仅是因为撒哈拉大沙漠的夜晚温度极

低，可以降到零摄氏度以下，而且我还老是担心美洲狮的偷袭，所以总是睡不好觉。一天深夜，我点燃的一堆干枯的羽扇豆树的枝叶不知何时熄灭了，睡得迷迷糊糊的我突然感觉到有什么东西在拨弄我的睡袋，我的第一反应就是，美洲狮发起偷袭了！

我迅速抓起枕在脑袋下的阿拉伯弯刀，钻出睡袋，银色的月光下，那头美洲狮果然在离我睡袋2米以外的地方，目露凶光地瞪着我。长期的野外经验告诉我，碰见野兽时绝不能表现出胆怯和退缩，否则遵循"弱肉强食"自然法则的野兽会毫不犹豫地扑过来。

为了给自己壮胆，我冲着美洲狮歇斯底里地大吼着，示威性地挥舞着寒光闪闪的阿拉伯弯刀。那头美洲狮毕竟是在马戏团被驯化过的，野性并不是很足，它没有立即进攻，而是在我的威吓下后退了两步。但它仍然弓着身子，充满敌意的眼神始终不离我的一举一动，脖子上的毛耸了起来，喉咙里发出可怕的声音，看样子，它并没有放弃伺机进攻的企图。

我们就这样在撒哈拉大沙漠寂冷的月光中对峙着，张扬着彼此的勇气和意志。其实我很清楚，自己不过是在虚张声势，我的双腿甚至在打颤，因为我知道美洲狮只要一扑过来，我连还手之力都没有，将立即被它撕成碎片。

但那头被鞭子驯化了的美洲狮，可能是过去深知人类的厉害，所以尽管它不停地绕着我转圈，却并不敢轻易发动攻击。极度的紧张使身体本就虚弱的我更加难以支撑，我觉得再这样消耗下去，我肯定会比美洲狮先崩溃。

一阵热风吹来，将已燃烧过的羽扇豆树叶的灰堆轻轻扬起，露出了底部尚未燃烧充分的火红的灰烬。看见突然冒出的熊熊火光，那头美洲狮愣了一下，我的眼前立即一亮，一个主意在脑中闪过。我迅速走上前去，顾不得烫伤，用脚将那些火红的灰烬纷纷扬扬地踢到美洲狮的身上。

那头美洲狮的脑袋、背上立刻沾满了滚烫的灰烬，它痛得咆

哮起来，浑身剧烈地抖动，想把身上的灰烬抖落，但燃烧的灰烬很快烧焦了它的一部分皮毛，它又痛又怕，立即掉头逃之夭夭，转眼就消失在茫茫的夜幕中。

我以为那头美洲狮受到惊吓后再也不会回来，可次日它还是出现在了我的视野中，只是和我的距离保持得更远。此后的几天，我越来越严重地感受到了生存的危机。地图显示，前面一大段沙漠没有任何绿洲，虽然我早就进行了准备，将牛皮囊灌满了水，但还是不够喝。

背包里储存的晒干了的跳鼠和蜥蜴肉也因为没有水而难以下咽，我的嘴唇裂开了一道道血口子，喉咙干得像要冒出烟来。饥渴使我行走无力、头昏脑涨，我跋涉的速度越来越慢了，照这样发展下去，我最少还要走上两天才可能看到绿洲，所以尽管渴得要命，牛皮囊里剩下的小半袋水我却不敢一下子喝光，因为它不仅可以维持我接下来两天的生理需要，更重要的是可以坚定我的意志，使我不至于觉得自己已山穷水尽。

沿途很少再看见活着的生命。偶尔有跳鼠、蜥蜴和白色大耳狐跑过，我也没有体力去捕捉，我只能靠吞吃那些干肉充饥。起初还呕吐，后来连呕吐都不会了，因为胃里已没有什么水分。

那头美洲狮比我更惨，没有水，它只能靠吃动物的肉和喝动物的血来解渴，但随着动物越来越少和自己的体力越来越差，它也很难再逮到动物，它甚至都没有什么体力向我发起进攻了。

只有一次，它又准备向我走来时，我拿出背包里的照相机，按动快门，用耀眼的镁光灯来吓唬它。

美洲狮被突如其来的强光吓住了，很快就蔫头耷脑地躲开了。它小跑时，受伤的右前腿突然陷进了一个沙坑里，它的两条前腿一软，整个身躯栽倒在地，半天才挣扎着爬起来。趁此机会，我赶紧往前跋涉。

人和动物原来也可以成为亲密的朋友

接下来的一天,那头美洲狮没有跟上来,我想它也许是干渴而死了。起初我还有些庆幸少了一个巨大的威胁,但慢慢地我就发现自己好像越来越难以集中注意力了。

后来我才明白,我患的是一种只有长时间置身在极度荒僻的环境里才会产生的孤独症,我甚至希望那头美洲狮能够重新出现在我的视线中,起码它是一个活着的生命!

我终于靠着顽强的意志和小半袋水走到了有绿洲的地方。所谓绿洲,也就是一小段狭长的水洼和几簇灌木丛,外加一些半黄半绿的草地,但这里却是鸟兽的天堂。我很轻易地就逮到了几只硕大的跳鼠,有一次,还差点抓到了一只来饮水的野兔。

我将牛皮囊灌满了水,稍作休整后就继续出发。当我登上一个沙丘,无意中回头时,却惊讶地发现那头美洲狮并没有死,而且也快接近绿洲边缘了!但是,接下来的一幕让我更加吃惊:那头美洲狮似乎已精疲力竭,在离绿洲不到500米的地方一头栽倒在沙地上,再也没有站起来。

我只往前走了几步,又不由自主地停下脚步朝美洲狮倒下的地方回头张望,一种复杂的情绪渐渐地从我的心底升起:我和那头美洲狮同陷沙漠绝境,凭着各自的智慧和勇气面对大自然的挑战,共同走过了艰苦卓绝的数天,虽然彼此怀着深深的敌意,但那种与命运抗争的不屈精神却是相同的。尽管它只是一头野兽,却赢得了我的钦佩和尊重!我突然决定帮它重新站起来!

我转身走过去,小心翼翼地接近那头躺在沙地上奄奄一息的美洲狮,它大口大口地喘着气,脚上的伤口已经溃烂,热浪、饥渴、疲惫和伤痛已使它的两只眼睛失去了神采。

我将杀死的蜥蜴和跳鼠丢在那头美洲狮的面前,又将牛皮囊里的水淋在它的身上,想给它降降温、解解暑。起初那头美洲狮用疑惑的眼神看着我,以为我会伤害它。它试图站起来躲避,却没有成功,它发出威胁的吼声,但声音十分脆弱和低沉,像一个临死的病人的呻吟。我大着胆子摸摸它的脑袋,温柔地梳理它身上的毛发,让它对我解除戒心。然后我站起来,在一个离它很远的位置蹲下来进行观察。也许是实在饥渴难当,也许是意识到我确实没有敌意,半个多小时后,那头美洲狮终于伸出爪子将我放在它面前的蜥蜴和跳鼠扒到嘴边,嚼碎了吞了下去。吃完后,它用温和的眼神看了看我这边,还乖巧地摇起了尾巴。

我突然意识到这头美洲狮其实是经过长期驯化的,对人类没有我最初想象的那样充满敌意,而且由于经常和驯兽员打交道,它具有较高的智商,能够很好地领会人的意图。想到这里,我对它的恐惧顿时减弱了不少。但看到那头美洲狮慢慢地恢复了元气,可以摇摇晃晃地站起来了,我又立即走远,毕竟它是一头野兽,谁也不知道它什么时候会野性大发。

从地图上看,我离塞利塔姆小镇只有160千米远,绿洲也越来越多。沙漠里不时出现的骆驼等家畜的粪便使我意识到,如果足够幸运的话,还可能遇到过往的阿拉伯商队。现在,那头美洲狮虽然仍旧像以往那样不紧不慢地跟着我前行,但它似乎已不再充满敌意。我停下来休息的时候,它也会停下来,远远地蹲在沙丘上看着我,尾巴还乖巧地摇晃着;我一起身走,它也立即起身前行。

一天早晨,刚从睡梦中醒来的我,突然听见睡袋附近有美洲狮凶狠的吼声,我吓了一大跳,以为它又野性发作要袭击我了,于是赶紧爬起来,手握弯刀作好迎战的准备。然而,我看到的却是这样一幅惊心动魄的场景:就在离我的睡袋不到1米远的地方,一条足足有2米长的剧毒沙漠眼镜蛇正昂着骇人的扁平脑袋,喷射着毒液和那头美洲狮对峙着。几分钟后,有些心虚的眼镜蛇想逃跑。美洲狮抓住时机迅猛地扑过去,用利爪一下将毒蛇的脑袋踩成了肉酱,并且连撕带咬,将毒蛇扯成了几段。然后,

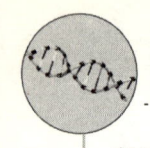

它讨好地望望我，嘴里发出温柔的低鸣声。我突然意识到了事情的起因：一定是眼镜蛇准备偷袭我时，被美洲狮发现，为了救我，美洲狮不顾自身的安危与毒蛇展开了激战。

经历了这次险情，我和那头美洲狮的距离更近了，有时我甚至可以走过去拍拍它的头，冲它扮扮鬼脸；它则会用湿漉漉的舌头温柔地舔舔我的手，用毛茸茸的脑袋蹭我的裤脚。晚上，它还会像一尊守护神一样蹲在离我不远的地方，时刻防备着毒蛇和沙狼……

一个星期后，我终于走出了撒哈拉大沙漠腹地，到达沙漠边缘的塞利塔姆小镇。当那些阿拉伯摩尔人、哈拉延人和黑人居民看见我跟一头美洲狮一起出现在他们的视野中时，脸上全都写满了惊诧。当我告诉他们我穿越沙漠的惊险经历以及和那头美洲狮和谐共处的传奇故事时，他们无不啧啧称奇。

然而，遗憾的是，那头美洲狮并没有跟我一起进入塞利塔姆小镇，它在小镇的边缘徘徊了一阵后便消失了踪迹。后来我听说它被当地政府组织的狩猎队捕获，然后送到了某个城市的动物园。

也许在我的生命中不可能再有这样传奇的经历发生，但是从那头勇敢的美洲狮身上学到的东西却让我一辈子受用。它让我明白，人和野兽并不是天生的敌人，动物和人一样具有丰富的情感和不可低估的智慧。在地球这个大家园里，在面对共同的绝境时，动物同样可以成为人类最值得信赖的朋友和最亲密的战友，因为大家都是大自然的子民，有一种割不断的天然情愫；而且那头美洲狮顽强的精神也告诉我，连一只野兽都可以永不屈服地向厄运挑战，人类就更加不应该在逆境中自暴自弃了！

《科学之友》2007（2）

海豚相助　鲨口脱险

张元国　王小钦

在墨西哥尤坦半岛以东约 35 千米的太平洋洋面上，有一座风光旖旎、气候宜人的石灰岩小岛，这就是美洲著名的度假胜地科苏梅尔岛。

怦然心动的海底巡游

2006 年 3 月 26 日，来自美国的路易斯·马丁和他 26 岁的妻子黛安娜在岛上旅游度假。自从 4 天前马丁夫妇来到科苏梅尔岛起，他们就一直陶醉在岛上迷人的自然景色之中，每天都兴致勃勃地四处漫游。

中午时分，他们驾驶着一辆租来的吉普车，沿着一条颠簸不平的小路在一片棕榈林中穿行。当吉普车穿过棕榈林后，一幅海天一色的壮丽景色突然展现在他们面前。原来，无意间他们已经来到了小岛的北部。这里人迹罕至，景色更加宜人。

站在海岸上，马丁看见在他的左方，一条嶙峋的山脊从北面穿过沙滩，以弧形伸入海中近 300 米。而在山脊的南面，则排列着一连串直达海岸的石灰岩礁石。虽然在山脊尽头和礁石之间还有一个约 10 米宽的缺口，形同一个小海峡，但山脊和礁石仍然如海堤般从海中围出了一个小潟湖。在礁石外面，海浪汹涌，蔚为壮观，但在礁石里面，整个潟湖却波光粼粼，一片平和景象。

人与动物

· 259 ·

面对这幅美景,马丁和黛安娜这对在旧金山海洋动物馆工作的潜水员夫妇不禁怦然心动。对他们来说,眼前的小潟湖无疑是一处理想的潜水场所。他们决定,第二天带上潜水装备,来此作一次海底巡游。

第二天下午,经过充分的准备,马丁和黛安娜又驾车来到潟湖边。他们换上潜水服,戴上水下呼吸器,然后双双潜入潟湖,为防万一,马丁还在身上插了一根防鲨棒。

马丁和黛安娜在水下或游或走,尽情地欣赏热带海底奇异的景色。不知不觉中,他们来到了峡口,此处海水约有15米深。突然,不知从什么地方涌来一股暗流,几乎将黛安娜冲出峡口。马丁赶紧一手攀住岩石缝,一手将黛安娜拉回湖内。

经过这一场虚惊,他们觉得此处不宜久留,于是便开始往回游。正在这时,一个小艇般的黑影闪进海峡,从他们身边掠过,激起阵阵水波,把他们冲得直打转。马丁心中一阵惊慌。就在他抽出防鲨棒的时候,他又看见一个较小的黑影冲进海峡。

出于本能,马丁和黛安娜背对背地悬在海水中,仔细观察四周水域。他们看见,在不远处有一头宽吻雌海豚和一头幼海豚正在绕圈游动。它们边游边发出尖厉急促的"啾啾"声,如同警车的报警汽笛声……当幼海豚转身时,马丁看见它的喷水口后面有一个伤口,正在往外流血。

见是两头海豚,马丁松了一口气,但转念又一想,那头受伤的幼海豚也许刚受到过鲨鱼的攻击,也许它正在向人们报警哩。如果是那样,那海峡外附近海域必定有一条鲨鱼正循着血腥味寻找这条受伤的幼海豚,也就是说,鲨鱼随时都有可能游进海峡。

想到这里,马丁又紧张起来。他扭头朝海峡外看去,只见一个巨大的黑影正扭动摇摆着沿倾斜的海底游上来。"鲨鱼!"马丁感到自己的呼吸仿佛突然停止了,右太阳穴的一根血管突突直跳。

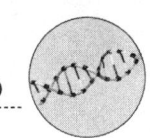

惊心动魄的人鲨搏斗

那黑影很快游进了峡口。马丁和黛安娜看见,这是一条长约 3.5 米,体重估计足有 230 千克的虎鲨。它的背部为深褐色,上面有暗淡的条纹和一个带凹口的背鳍,白色的腹部紧贴海底。当它从离马丁和黛安娜不到 6 米处游过时,他们看见它巨吻微张,双鳃鼓出,尾鳍划动,鼻孔因闻到了他们的体味而抖动,靠近他们的那双黑眼睛也令人发怵地紧盯着他们。

这条虎鲨迅速地在他们身边一晃而过。马丁侥幸地想,也许虎鲨的目标只是那头正在流血的幼海豚,如果他们抓紧时间沿海底尽快游回浅水区,或许能够安然脱险。

马丁和黛安娜开始悄悄向海滩游去。他们的动作很轻,尽量避免振动水波以传导人的体味。他们游了约 100 米,既没有看见虎鲨,也没看见海豚,海底一片灰暗寂静,这灰暗令人恐慌,而这寂静让人不安……马丁拉着黛安娜的左手一同谨慎地游向海滩。

"难道它们又都游出海峡了吗?"马丁似乎有一种不祥的预感,心里感到更加恐慌和不安。

他们继续往前游。突然,马丁感到右侧有东西在游动,他扭头一看,只见那条可怕的虎鲨正迅速掠过海底沙层,朝他们扑来。马丁猛地转过身,将防鲨棒捅向已经逼近的虎鲨,将棒尖戳入虎鲨的鳃部。但虎鲨并没有退却,它悬浮在马丁的上面,在离他只有几厘米处张开血盆大口,露出一排排锯齿般的三角形牙齿,企图将他吞入口中。

马丁竭尽全力,用双手将防鲨棒死死地抵住虎鲨的鳃部,不让它咬到自己。但他的体力终究敌不过鲨鱼,虎鲨终于触到了他的身体。他眼看着虎鲨的巨吻在他的面罩前合上,发出沉闷的"咔嚓"声,然后又突然张开,一次又一次地咬向他的胸部。阵

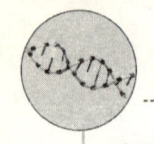

阵剧痛从胸前传遍全身，鲜血从被虎鲨咬碎的潜水服和浮力背心中渗出。

渐渐的，马丁握着防鲨棒在虎鲨的巨吻之下仰面倒下去。

见此情景，在马丁身后的黛安娜心急如焚，她不顾一切地游到马丁身边，拔出潜水刀，猛地刺进虎鲨的喉部。血从虎鲨的喉部涌出来，周围的海水立即被染成了黑红色。受此一击，虎鲨变得更加狂暴。它将头一偏，使出蛮力用力摇头，终于将插在鳃中的防鲨棒甩了出来。

目睹这一情景，马丁和黛安娜几乎惊呆了，完全忘记了防卫。

这时虎鲨又游回他们的上方，张开巨吻发疯似的冲上来。马丁感到一阵绝望，他闭上眼睛，等待虎鲨给他致命的一击……

不可思议的海豚救人

但惨剧并没有发生，马丁和黛安娜只觉得有一件沉重的东西猛烈地撞击虎鲨的侧面，将它从他们身边撞开了。

真是不可思议！马丁惊奇地睁开眼睛，透过面罩和裹着沙粒的发黑的海水，他看见在离他们约10米远的地方，虎鲨正阵阵痉挛地在水中乱转。而在虎鲨的背后，则是刚才看见过的那头雌海豚。马丁恍然大悟，原来是那头雌海豚在危急关头救了他。

虎鲨在转了几圈之后，突然又转过身来，面对面地朝向马丁和黛安娜，看上去它就是一架活生生的杀人机器。当虎鲨游到离他们约30米远，他们正不知所措时，刚才在虎鲨背后的那头雌海豚又以令人炫目的高速从右方猛冲过来，头部猛地撞在虎鲨的胸鳍附近，使虎鲨吻部一下子冒出一个黑红的大血泡。

狂怒的虎鲨丢下马丁和黛安娜，转过身来追击海豚。这两个水中庞然大物在离他们不远处相互追逐，搅得海水动荡不止。趁此机会，马丁和黛安娜迅速踢开身边的血水和海草，朝前面清澈

的海水中潜去。因为他们知道，鲨鱼的视网膜上布满感光细胞，但视觉细胞很少，所以它能在暗处看清东西，但在亮处却看不清。

马丁和黛安娜全力向海岸游去，这时，他们离海岸还有70米，突然，那头刚才一直没露面的幼海豚从他们头上一掠而过，朝海峡口游去。马丁心想，幼海豚游走了，那么，那头曾两次救过他们的雌海豚可能也会马上跟着游过去。那样，潟湖中将只剩下他们和那头凶狠的虎鲨。

他们加快速度向岸边游，但是，那条虎鲨已经在他们面前约15米处了，那头雌海豚也在稍远处与虎鲨平行游动，喷水孔还发出响声。虎鲨突然将身躯一扭，掉转头朝马丁和黛安娜直冲过来。马丁立即手握半截防鲨棒踢水上升，他想待虎鲨游近张嘴时，将半截防鲨棒戳入它的巨吻，作最后一搏。但当虎鲨游到离他只有4米远时，那头雌海豚又以极高的速度从他和虎鲨之间一穿而过，迫使虎鲨不得不从马丁头上越过。待马丁回转身再看虎鲨时，只见它笔直地朝海峡口游去，几秒钟，便消失得无影无踪。而那头雌海豚在他们身边盘绕几周之后，紧接着也摆动尾鳍游出海峡。这一幕真是惊心动魄。

当马丁和黛安娜终于游到浅水区浮出水面时，他们已经筋疲力尽。他们俩一言不发，跟跟跄跄地走上海滩，瘫倒在一块向海的岩石上。有好几秒钟，他们只觉得脑中一片空白，不知刚刚发生过什么事。直到黛安娜注意到马丁胸前殷红的鲜血，他们才想起刚才那一场既惊心动魄又不可思议的奇遇。

幸运的是，马丁胸前的伤并不是很严重，他只在岛上的医院里住了几天就出院了。此后，每当他和别人说起这段不平凡的遭遇时，他总会充满感激地提到那头曾将他从鲨鱼利齿下救出来的雌海豚。

《科学之友》2007（7）